Crataegus

"十三五"国家重点图书出版规划项目
"中国果树地方品种图志"丛书

中国山楂
地方品种图志

曹尚银　王爱德　袁　晖　谭冬梅　等 著

中国林业出版社

"十三五"国家重点图书出版规划项目

"中国果树地方品种图志"丛书

Crataegus

中国山楂
地方品种图志

图书在版编目（CIP）数据

中国山楂地方品种图志 / 曹尚银等著. —北京 : 中国林业
出版社, 2017.12
（中国果树地方品种图志丛书）

ISBN 978-7-5038-9390-2

Ⅰ. ①中… Ⅱ. ①曹… Ⅲ. ①山楂—品种志—中国—
图集 Ⅳ. ①S661.502.92-64

中国版本图书馆CIP数据核字(2017)第302727号

责任编辑: 何增明　张　华　孙　瑶
出版发行: 中国林业出版社（100009 北京市西城区刘海胡同7号）
电　　话: 010-83143517
印　　刷: 固安县京平诚乾印刷有限公司
版　　次: 2018年1月第1版
印　　次: 2018年1月第1次印刷
开　　本: 889mm×1194mm　1/16
印　　张: 12.25
字　　数: 380千字
定　　价: 198.00元

《中国山楂地方品种图志》
著者名单

主著者： 曹尚银　王爱德　袁　晖　谭冬梅

副主著者： 赵玉辉　卜海东　于丽艳　李天忠　曹秋芬　尹燕雷　房经贵　李好先

著　者（以姓氏笔画为序）

卜海东	于　杰	于丽艳	于海忠	上官凌飞	马小川	马和平	马学文	马贯羊	马彩云
王　企	王　晨	王文战	王圣元	王亚芝	王亦学	王春梅	王胜男	王振亮	王爱德
王斯妤	牛　娟	尹燕雷	邓　舒	卢明艳	卢晓鹏	冯立娟	兰彦平	纠松涛	曲　艺
曲雪艳	朱　博	朱　壹	朱旭东	刘　丽	刘　恋	刘　猛	刘少华	刘贝贝	刘伟婷
刘众杰	刘国成	刘佳琴	刘春生	刘科鹏	刘雪林	次仁朗杰	汤佳乐	孙　乾	孙其宝
纪迎琳	严　萧	李　锋	李天忠	李永清	李好先	李红莲	李贤良	李泽航	李帮明
李晓鹏	李章云	李馨玥	杨选文	杨雪梅	肖　蓉	吴　寒	吴传宝	邹梁峰	冷翔鹏
宋宏伟	张　川	张　懿	张久红	张子木	张文标	张伟兰	张全军	张冰冰	张克坤
张利超	张青林	张建华	张春芬	张俊畅	张艳波	张晓慧	张富红	陈　璐	陈利娜
陈英照	陈佳琪	陈楚佳	苑兆和	范宏伟	罗正荣	罗东红	罗昌国	岳鹏涛	周　威
周厚成	郑　婷	郎彬彬	房经贵	孟玉平	赵玉辉	赵弟广	赵艳莉	赵晨辉	郝　理
郝兆祥	胡清波	钟　敏	钟必凤	侯丽媛	俞飞飞	姜志强	姜春芽	骆　翔	秦　栋
秦英石	袁　晖	袁平丽	袁红霞	聂　琼	聂园军	贾海锋	夏小丛	夏鹏云	倪　勇
徐小彪	徐世彦	徐雅秀	高　洁	郭　磊	郭会芳	郭俊英	郭俊杰	唐超兰	涂贵庆
陶俊杰	黄　清	黄春辉	黄晓娇	黄燕辉	曹　达	曹尚银	曹秋芬	戚建锋	康林峰
梁　建	梁英海	葛翠莲	董文轩	董艳辉	敬　丹	韩伟亚	谢　敏	谢恩忠	谢深喜
廖　娇	廖光联	谭冬梅	熊　江	潘　斌	薛　辉	薛华柏	薛茂盛	霍俊伟	

总序一

  果树是世界农产品三大支柱产业之一，其种质资源是进行新品种培育和基础理论研究的重要源头。果树的地方品种（农家品种）是在特定地区经过长期栽培和自然选择形成的，对所在地区的气候和生产条件具有较强的适应性，常存在特殊优异的性状基因，是果树种质资源的重要组成部分。

  我国是世界上最为重要的果树起源中心之一，世界各国广泛栽培的梨、桃、核桃、枣、柿、猕猴桃、杏、板栗等落叶果树树种多源于我国。长期以来，人们习惯选择优异资源栽植于房前屋后，并世代相传，驯化产生了大量适应性强、类型丰富的地方特色品种。虽然我国果树育种专家利用不同地理环境和气候形成的地方品种种质资源，已改良培育了许多果树栽培品种，但迄今为止尚有大量地方品种资源包括部分农家珍稀果树资源未予充分利用。由于种种原因，许多珍贵的果树资源正在消失之中。

  发达国家不但调查和收集本国原产果树树种的地方品种，还进入其他国家收集资源，如美国系统收集了乌兹别克斯坦的葡萄地方品种和野生资源。近年来，一些欠发达国家也已开始重视地方品种的调查和收集工作。如伊朗收集了872份石榴地方品种，土耳其收集了225份无花果、386份杏、123份扁桃、278份榛子和966份核桃地方品种。因此，调查、收集、保存和利用我国果树地方品种和种质资源对推动我国果树产业的发展有十分重要的战略意义。

  中国农业科学院郑州果树研究所长期从事果树种质资源调查、收集和保存工作。在国家科技部科技基础性工作专项重点项目"我国优势产区落叶果树农家品种资源调查与收集"支持下，该所联合全国多家科研单位、大专院校的百余名科技人员，利用现代化的调查手段系统调查、收集、整理和保护了我国主要落叶果树地方品种资源（梨、核桃、桃、石榴、枣、山楂、柿、樱桃、杏、葡萄、苹果、猕猴桃、李、板栗），并建立了档案、数据库和信息共享服务体系。这项工作摸清了我国果树地方品种的家底，为全国性的果树地方品种鉴定评价、优良基因挖掘和种质创新利用奠定了坚实的基础。

  正是基于这些长期系统研究所取得的创新性成果，郑州果树研究所组织撰写了"中国果树地方品种图志"丛书。全书内容丰富、系统性强、信息量大，调查数据翔实可靠。它的出版为我国果树科研工作者提供了一部高水平的专业性工具书，对推动我国果树遗传学研究和新品种选育等科技创新工作有非常重要的价值。

中国农业科学院副院长
中国工程院院士 吴孔明

2017年11月21日

总序二

  中国是世界果树的原生中心，不仅是果树资源大国，同时也是果品生产大国，果树资源种类、果品的生产总量、栽培面积均居世界首位。中国对世界果树生产发展和品种改良做出了巨大贡献，但中国原生资源流失严重，未发挥果树资源丰富的优势与发展潜力，大宗果树的主栽品种多为国外品种，难以形成自主创新产品，国际竞争力差。中国已有4000多年的果树栽培历史，是果树起源最早、种类最多的国家之一，拥有占世界总量3/5的果树种质资源，世界上许多著名的栽培种，如白梨、花红、海棠果、桃、李、杏、梅、中国樱桃、山楂、板栗、枣、柿子、银杏、香榧、猕猴桃、荔枝、龙眼、枇杷、杨梅等树种原产于中国。原产中国的果树，经过长期的栽培选择，已形成了生态类型众多的地方品种，对当地自然或栽培环境具有较好的适应性。一般多为较混杂的群体，如发芽期、芽叶色泽和叶形均有多种变异，是系统育种的原始材料，不乏优良基因型，其中不少在生产中发挥着重要作用，主导当地的果树产业，为当地经济和农民收入做出了巨大贡献。

  我国有些果树长期以来在生产上还应用的品种基本都是各地的地方品种（农家品种），虽然开始通过杂交育种选育果树新品种，但由于起步晚，加上果树童期和育种周期特别长，造成目前我国生产上应用的果树栽培品种不少仍是从农家品种改良而来，通过人工杂交获得的品种仅占一部分。而且，无论国内还是国外，现有杂交品种都是由少数几个祖先亲本繁衍下来的，遗传背景狭窄，继续在这个基因型稀少的池子中捞取到可资改良现有品种的优良基因资源，其可能性越来越小，这样的育种瓶颈也直接导致现有品种改良潜力低下。随着现代育种工作的深入，以及市场对果品表现出更为多样化的需求和对果实品质提出更高的要求，育种工作者越来越感觉到可利用的基因资源越来越少，品种创新需要挖掘更多更新的基因资源。野生资源由于果实经济性状普遍较差，很难在短期内对改良现有品种有大的作为；而农家品种则因其相对优异的果实性状和较好的适应性与抗逆性，成为可在短期内改良现有品种的宝贵资源。为此，我们还急需进一步加大力度重视果树农家品种的调查、收集、评价、分子鉴定、利用和种质创新。

  "中国果树地方品种图志"丛书中的种质资源的收集与整理，是由中国农业科学院郑州果树研究所牵头，全国22个研究所和大学、100多个科技人员同时参与，首次对我国果树地方品种进行较全面、系统调查研究和总结，工作量大，内容翔实。该丛书的很多调查图片和品种性状资料来之不易，许多优异、濒危的果树地方品种资源多处于偏远的山区村庄，交通不便，需跋山涉水、历经艰难险阻才得以调查收集，多为首次发表，十分珍贵。全书图文并茂，科学性和可读性强。我相信，此书的出版必将对我国果树地方品种的研究和开发利用发挥重要作用。

中国工程院院士 束怀瑞

2017年10月25日

总前言

General Introduction

　　果树地方品种（农家品种）具有相对优异的果实性状和较好的适应性与抗逆性，是可在短期内改良现有品种的宝贵资源。"中国果树地方品种图志"丛书是在国家科技部科技基础性工作专项重点项目"我国优势产区落叶果树农家品种资源调查与收集"（项目编号：2012FY110100）的基础上凝练而成。该项目针对我国多年来对果树地方品种重视不够，致使果树地方品种的家底不清，甚至有的濒临灭绝，有的已经灭绝的严峻状况，由中国农业科学院郑州果树研究所牵头，联合全国多家具有丰富的果树种质资源收集保存和研究利用经验的科研单位和大专院校，对我国主要落叶果树地方品种（梨、核桃、桃、石榴、枣、山楂、柿、樱桃、杏、葡萄、苹果、猕猴桃、李、板栗）资源进行调查、收集、整理和保护，摸清主要落叶果树地方品种家底，建立档案、数据库和地方品种资源实物和信息共享服务体系，为地方品种资源保护、优良基因挖掘和利用奠定基础，为果树科研、生产和创新发展提供服务。

一、我国果树地方品种资源调查收集的重要性

　　我国地域辽阔，果树栽培历史悠久，是世界上最大的栽培果树植物起源中心之一，素有"园林之母"的美誉，原产果树种质资源十分丰富，世界各国广泛栽培的如梨、桃、核桃、枣、柿、猕猴桃、杏、板栗等落叶果树树种都起源于我国。此外，我国从世界各地引种果树的工作也早已开始。如葡萄和石榴的栽培种引入中国已有2000年以上历史。原产我国的果树资源在长期的人工选择和自然选择下形成了种类纷繁的、与特定地区生态环境条件相适应的生态类型和地方品种；而引入我国的果树材料通过长期的栽培选择和自然驯化选择，同样形成了许多适应我国自然条件的生态类型或地方品种。

　　我国果树地方品种资源种类繁多，不乏优良基因型，其中不少在生产中还在发挥着重要作用。比如'京白梨''莱阳梨''金川雪梨'；'无锡水蜜''肥城桃''深州蜜桃''上海水蜜'；'木纳格葡萄'；'沾化冬枣''临猗梨枣''泗洪大枣''灵宝大枣'；'仰韶杏''邹平水杏''德州大果杏''兰州大接杏''郏城杏梅'；'天目蜜李''绥棱红'；'崂山大樱桃''滕县大红樱桃''太和大紫樱桃''南京东塘樱桃'；山东的'镜面柿''四烘柿'，陕西的'牛心柿''磨盘柿'，河南的'八月黄柿'，广西的'恭城水柿'；河南的'河阴石榴'等许多地方品种在当地一直是主栽优势品种，其中的许多品种生产已经成为当地的主导农业产业，为发展当地经济和提高农民收入做出了巨大贡献。

　　还有一些地方果树品种向外迅速扩展，有的甚至逐步演变成全国性的品种，在原产地之外表现良好。比如河南的'新郑灰枣'、山西的'骏枣'和河北的'赞皇大枣'引入新疆后，结果性能、果实口感、品质、产量等表现均优于其在原产地的表现。尤其是出产于新疆的'灰枣'和'骏枣'，以其绝佳的口感和品质，在短短5～6年的时间内就风靡全国市场，其在新疆的种植面积也迅速发展逾3.11万hm²，成为当地名副其实的"摇钱树"。分布范围更广的当属'砀山酥梨'，以

其出色的鲜食品质、广泛的栽培适应性，从安徽砀山的地方性品种几十年时间迅速发展成为在全国梨生产量和面积中达到1/3的全国性品种。

果树地方品种演变至今有着悠久的历史，在漫长的演进过程中经历过各种恶劣的生态环境和毁灭性病虫害的选择压力，能生存下来并获得发展，决定了它们至少在其自然分布区具有良好的适应性和较为全面的抗性。绝大多数地方品种在当地栽培面积很小，其中大部分仅是散落农家院中和门前屋后，甚至不为人知，但这里面同样不乏可资推广的优良基因型；那些综合性状不够好、不具备直接推广和应用价值的地方品种，往往也潜藏着这样或那样的优异基因可供发掘利用。

自20世纪中叶开始，国内外果树生产开始推行良种化、规模化种植，大规模品种改良初期果树产业的产量和质量确实有了很大程度的提高；但时间一长，单一主栽品种下生物遗传多样性丧失，长期劣变积累的负面影响便显现出来。大面积推广的栽培品种因当地的气候条件发生变化或者出现新的病害受到毁灭性打击的情况在世界范围内并不鲜见，往往都是野生资源或地方品种扮演救火英雄的角色。

20世纪美国进行的美洲栗抗栗疫病育种的例子就是证明。栗疫病由东方传入欧美，1904年首次见于纽约动物园，结果几乎毁掉美国、加拿大全部的美洲栗，在其他一些国家也造成毁灭性的影响。对栗疫病敏感的还有欧洲栗、星毛栎和活栎。美国康涅狄格州农业试验站从1907年开始研究栗疫病，这个农业试验站用对栗疫病具有抗性的中国板栗和日本栗作为亲本与美洲栗杂交，从杂交后代中选出优良单株，然后再与中国板栗和日本栗回交。并将改良栗树移植进野生栗树林，使其与具有基因多样性的栗树自然种群融合，产生更高的抗病性，最终使美洲栗产业死而复生。

我国核桃育种的例子也很能说明问题。新疆核桃大多是实生地方品种，以其丰产性强、结果早、果个大、壳薄、味香、品质优良的特点享誉国内外，引入内地后，黑斑病、炭疽病、枝枯病等病害发生严重，而当地的华北核桃种群则很少染病，因此人们认识到华北核桃种群是我国核桃抗性育种的宝贵基因资源。通过杂交，华北核桃与新疆核桃的后代在发病程度上有所减轻，部分植株表现出了较强的抗性。此外，我国从铁核桃和普通核桃的种间杂种中选育出的核桃新品种，综合了铁核桃和普通核桃的优点，既耐寒冷霜冻，又弥补了普通核桃在南方高温多湿环境下易衰老、多病虫害的缺陷。

‘火把梨’是云南的地方品种，广泛分布于云南各地，呈零散栽培状态，果皮色泽鲜红艳丽，外观漂亮，成熟时云南多地农贸市场均有挑担零售，亦有加工成果脯。中国农业科学院郑州果树研究所1989年开始选用日本栽培良种‘幸水梨’与‘火把梨’杂交，育成了品质优良的‘满天红’‘美人酥’和‘红酥脆’三个红色梨新品种，在全国推广发展很快，取得了巨大的社会、经济效益，掀起了国内红色梨产业发展新潮，获得了国际林产品金奖、全国农牧渔业丰收奖二等奖和中国农业科学院科技成果一等奖。

富士系苹果引入中国，很快在各苹果主产区形成了面积和产量优势。但在辽宁仅限于年平均气温10℃，1月平均气温-10℃线以南地区栽培。辽宁中北部地区扩展到中国北方几省区尽管日照充足、昼夜温差大、光热资源丰富，但1月平均气温低，富士苹果易出现生理性冻害造成抽条，无法栽培。沈阳农业大学利用抗寒性强、大果、肉质酸酥、耐贮运的地方品种‘东光’与‘富士’进行杂交，杂交实生苗自然露地越冬，以经受冻害淘汰，顺利选育出了适合寒地栽培的苹果品种‘寒富’。‘寒富’苹果1999年被国家科技部列入全国农业重点开发推广项目，到目前为止已经在内蒙古南部、吉林珲春、黑龙江宁安、河北张家口、甘肃张掖、新疆玛纳斯和西藏林芝等地广泛栽培。

地方品种虽然重要，但目前许多果树地方种的处境却并不让人乐观！我们在上马优良新品种和外引品种的同时，没有处理好当地方品种的种质保存问题，许多地方品种因为不适应商业化的要求生存空间被挤占。如20世纪80年代巨峰系葡萄品种和21世纪初'红地球'葡萄的大面积推广，造成我国葡萄地方品种的数量和栽培面积都在迅速下降，甚至部分地方品种在生产上的消失。20世纪80年代我国新疆地区大约分布有80个地方品种或品系，而到了21世纪只有不到30个地方品种还能在生产上见到，有超过一半的地方品种在生产上消失，同样在山西省清徐县曾广泛分布的古老品种'瓶儿'，现在也只能在个别品种园中见到。

加上目前中国正处于经济快速发展时期，城镇化进程加快，因为城镇发展占地、修路、环境恶化等原因，许多果树地方品种正在飞速流失，亟待保护。以山西省的情况为例：山西有山楂地方品种'泽州红''绛县粉口''大果山楂''安泽红果'等10余个，近年来逐年减少；有板栗地方品种10余个，已经灭绝或濒临灭绝；有柿子地方品种近70个，目前60%已灭绝；有桃地方品种30余个，目前90%已经灭绝；有杏地方品种70余个，目前60%已灭绝，其余濒临灭绝；有核桃地方品种60余个，目前有的已灭绝，有的濒临灭绝，有的品种名称混乱；有2个石榴地方品种，其中1个濒临灭绝！

又如，甘肃省果树资源流失非常严重。据2008年初步调查，发现5个树种的103个地方果树珍稀品种资源濒临流失，研究人员采集有限枝条，以高接方式进行了抢救性保护；7个树种的70个地方果树品种已经灭绝，其中梨48个、桃6个、李4个、核桃3个、杏3个、苹果4个、苹果砧木2个，占原《甘肃果树志》记录品种数的4.0%。对照《甘肃果树志》（1995年），未发现或已流失的70个品种资源主要分布在以下区域：河西走廊灌溉果树区未发现或已灭绝的种质资源6个（梨品种2个、苹果品种4个）；陇西南冷凉阴湿果树区未发现或灭绝资源10个（梨资源7个、核桃资源3个）；陇南山地果树区未发现或流失资源20个（梨资源14个、桃资源4个、李资源2个）；陇东黄土高原果树区未发现或流失资源25个（梨品种16个、苹果砧木2个、杏品种3个、桃品种2个、李品种2个）；陇中黄土高原丘陵果树区未发现或已流失的资源9个，均为梨资源。

随着果树栽培良种化、商品化发展，虽然对提高果品生产效益发挥了重要作用，但地方品种流失也日趋严重，主要表现在以下几个方面：

1. 城镇化进程的加快，随着传统特色产业地位的丧失，地方品种逐渐减少

近年来，随着城镇化进程的加快，以前的郊区已经变成了城市，以前的果园已经难寻踪迹，使很多地方果树品种随着现代城市的建设而丢失，或正面临丢失。例如，甘肃省兰州市安宁区曾经是我国桃的优势产区，但随着城镇化的建设和发展，桃树栽培面积不到20世纪80年代的1/5，在桃园大面积减少的同时，地方品种也大幅度流失。兰州'软儿梨'也是一个古老的品种，但由于城镇化进程的加快，许多百年以上的大树被砍伐，也面临品种流失的威胁。

2. 果树良种化、商品化发展，加快了地方品种的流失

随着果树栽培良种化、商品化发展，提高了果品生产的经济效益和果农发展果树的积极性，但对地方品种的保护和延续造成了极大的伤害，导致了一些地方品种逐渐流失。一方面是新建果园的统一规划设计，把一部分自然分布的地方品种淘汰了；另一方面，由于新品种具有相对较好的外观品质，以前农户房前屋后栽植的地方品种，逐渐被新品种替代，使很多地方品种面临灭绝流失的威胁。

3. 国家对果树地方品种的保护宣传力度和配套措施不够

依靠广大农民群众是保护地方品种种质资源的基础。由于国家对地方品种种质资源的重要性和保护意义宣传力度不够，农民对地方品种保护的认知不到位，导致很多地方品种在生产和生活中不经意地流失了。同时，地方相关行政和业务部门，对地方品种的保护、监管、标示力度不够，没有体现出地方品种资源的法律地位，导致很多地方品种濒临灭绝和正在灭绝。

发达国家对各类生物遗传资源（包括果树）的收集、研究和利用工作极为重视。发达国家在对本国生物遗传资源大力保护的同时，还不断从发展中国家大肆收集、掠夺生物遗传资源。美国和前苏联都曾进行过系统地国外考察，广泛收集外国的植物种质资源。我国是世界上生物遗传资源最丰

富的国家之一，也是发达国家获取生物遗传资源的重要地区，其中最为典型的案例当属我国大豆资源（美国农业部的编号为PI407305）流失海外，被孟山都公司研究利用，并申请专利的事件。果树上我国的猕猴桃资源流失到新西兰后被成功开发利用，至今仍然有大量的国外公司组织或个人到我国的猕猴桃原产地大肆收集猕猴桃地方品种资源和野生资源。甚至连绝大多数外国人现在都还不甚了解的我国特色果树——枣的资源也已经通过非正常途径大量流失到了国外！若不及时进行系统的调查摸底和保护，那种"种中国豆，侵美国权"的荒诞悲剧极有可能在果树上重演！

综上所述，我国果树地方品种是具有许多优异性状的资源宝库，目前正以我们无法想象的速度消失或流失；应该立即投入更多的力量，进行资源调查、收集和保护，把我们自己的家底摸清楚，真正发挥我国果树种质资源大国的优势。那些可能由于建设或因环境条件恶化而在野外生存受到威胁的果树地方品种，不能在需要抢救时才引起注意，而应该及早予以调查、收集、保存。要对我国落叶果树地方品种进行调查、收集和保存，有多种策略和方法，最直接、最有效的办法就是对优势产区进行重点调查和收集。

二、调查收集的方式、方法

按照各树种资源调查、收集、保存工作的现状，重点调查资源工作基础薄弱的树种（石榴、樱桃、核桃、板栗、山楂、柿），对已经具有较好资源工作基础和成果的树种（梨、桃、苹果、葡萄）做补充调查。根据各树种的起源地、自然分布区和历史栽培区确定优势产区进行调查，各树种重点调查区域见本书附录一。各省（自治区、直辖市）主要调查树种见本书附录二。

通过收集网络信息、查阅文献资料等途径，从文字信息上掌握我国主要落叶果树优势产区的地域分布，确定今后科学调查的区域和范围，做好前期的案头准备工作。

实地走访主要落叶果树种植地区，科学调查主要落叶果树的优势产区区域分布、历史演变、栽培面积、地方品种的种类和数量、产业利用状况和生存现状等情况，最终形成一套系统的相关科学调查分析报告。

对我国优势产区落叶果树地方品种资源分布区域进行原生境实地调查和GPS定位等，评价原生境生存现状，调查相关植物学性状、生态适应性、栽培性能和果实品质等主要农艺性状（文字、特征数据和图片），对优良地方品种资源进行初步评价、收集和保存。

对叶、枝、花、果等性状按各种资源调查表格进行记载，并制作浸渍或腊叶标本。根据需要对果实进行果品成分的分析。

加强对主要生态区具有丰产、优质、抗逆等主要性状资源的收集保存。注重地方品种优良变异株系的收集保存。

主要针对恶劣环境条件下的地方品种，注重对工矿区、城乡结合部、旧城区等地濒危和可能灭绝地方品种资源的收集保存。

收集的地方品种先集中到资源圃进行初步观察和评估，鉴别"同名异物"和"同物异名"现象。着重对同一地方品种的不同类型（可能为同一遗传型的环境表型）进行观察，并用有关仪器进行简化基因组扫描分析，若确定为同一遗传型则合并保存。对不同的遗传型则建立其分子身份鉴别标记信息。

已有国家资源圃的树种，收集到的地方品种入相应树种国家种质资源圃保存，同时在郑州、随州地区建立国家主要落叶果树地方品种资源圃，用于集中收集、保存和评价有关落叶果树地方品种资源，以确保收集到的果树地方品种资源得到有效的保护。郑州和随州地处我国中部地区，中原之腹地，南北交汇处，既无北方之严寒，又无南方之酷热。因此，非常适宜我国南北各地主要落叶果树树种种质资源的生长发育，有利于品种资源的收集、保存和评价。

利用中国农业科学院郑州果树研究所优势产区落叶果树树种资源圃保存的主要落叶果树树种

地方品种资源和实地科学调查收集的数据，建立我国主要落叶果树优良地方品种资源的基本信息数据库，包括地理信息、主要特征数据及图片，特别是要加强图像信息的采集量，以区别于传统的单纯文字描述，对性状描述更加形象、客观和准确。

对我国优势产区落叶果树优良地方品种资源进行一次全面系统梳理和总结，摸清家底。根据前期积累的数据和建立的数据库（http://www.ganguo.net.cn），开发我国主要落叶果树优良地方品种资源的GIS信息管理系统。并将相关数据上传国家农作物种质资源平台（http://www.cgris.net），实现果树地方品种资源信息的网络共享。

工作路线见本书附录三。工作流程见本书附录四。要按规范填写调查表。调查表包括：农家品种摸底调查表、农家品种申报表、农家品种资源野外调查简表、各类树种农家品种调查表、农家品种数据采集电子表、农家品种调查表文字信息采集填写规范。农家品种标本、照片采集按规范填写"农家品种资源标本采集要求"表格和"农家品种资源调查照片采集要求"表格。调查材料提交也须遵照规范。编号采用唯一性流水线号，即：子专题（片区）负责人姓全拼+名拼音首字母+采集者姓名拼音首字母+流水号数字。

本次参加调查收集研究有22个单位，分布在我国西南、华南、华东、华中、华北、西北、东北地区，每个单位除参加过全国性资源考察外，他们都熟悉当地的人文地理、自然资源，都对当地的主要落叶果树资源了解比较多，对我们开展主要落叶果树地方品种调查非常有利，而且可以高效、准确地完成项目任务。其中包括2个农业部直属单位、4个教育部直属大学（含2所985高校）、10个省属研究所和大学，100多名科技人员参加调查，科研基础和实力雄厚，参加单位大多从事地方品种相关的调查、利用和研究工作，对本项目的实施相当熟悉。还有的团队为了获得石榴最原始的地方品种材料，尽管当地有关专业部门说，近期雨季不能有石榴地方品种的地区调查，路险江深，有生命危险，可他们还是冒着生命危险，勇闯交通困难的西藏东南部三江流域少人区调查，获得了可贵的地方品种资源。

通过5年多的辛勤调查、收集、保存和评价利用工作，在承担单位前期工作的基础上，截至2017年，共收集到核桃、石榴、猕猴桃、枣、柿子、梨、桃、苹果、葡萄、樱桃、李、杏、板栗、山楂等14个树种共1700余份地方品种。并积极将这些地方品种资源应用于新品种选育工作，获得了一批在市场上能叫得响的品种，如利用河南当地的地方品种'小火罐柿'选育的极丰产优质小果型柿品种'中农红灯笼柿'，以其丰产、优质、形似红灯笼、口感极佳的特色，迅速获得消费者的认可，并获得河南省科技厅科技进步奖一等奖和河南省人民政府科技进步奖二等奖。

"中国果树地方品种图志"丛书被列为"十三五"国家重点出版物规划项目。成书过程中，在中国农业科学院郑州果树研究所、湖南农业大学等22个单位和中国林业出版社的共同努力和大力支持下，先后于2017年5月在河南郑州、2017年10月25日至11月5日在湖南长沙、11月17～19日在河南郑州召开了丛书组稿会、统稿会和定稿会，对书稿内容进行了充分把关和进一步提升。在上述国家科技部基础性工作专项重点项目启动和执行过程中，还得到了该项目专家组束怀瑞院士（组长）、刘凤之研究员（副组长）、戴洪义教授、于泽源教授、冯建灿教授、滕元文教授、户春生研究员、刘崇怀研究员、毛永民教授的指导和帮助，在此一并表示感谢！

曹尚银
2017年11月17日于河南郑州

前言

Preface

　　《中国山楂地方品种图志》是由中国农业科学院郑州果树研究所牵头，山东省果树研究所、山西省农业科学院生物技术研究中心、南京农业大学和中国农业大学共同主持，河南省开封市农林科学研究院、西藏农牧学院、华中农业大学、湖南农业大学、沈阳农业大学、北京市农林科学院农业综合发展研究所、吉林省农业科学院果树研究所、四川省农业科学院园艺研究所、贵州省农业科学院果树科学研究所、安徽省农业科学院、江西农业大学、陕西省农业科学院果树研究所、新疆农业科学院吐鲁番农业科学研究所、西安市果业技术推广中心、黑龙江省农业科学院牡丹江分院等单位参加，组织全国100多位专家合作撰写而成。

　　自2012年5月启动科技基础性工作专项重点项目"我国优势产区落叶果树农家品种资源调查与收集"以来，中国农业科学院郑州果树研究所作为主持单位在全国范围内开展了山楂地方品种资源的广泛调查和重点收集工作，开展了长期的、连续的地方品种收集和植物学性状调查和数据采集，经过努力的工作，终于收集了一大批特异的、濒临消失的山楂果树种质材料。作为项目任务的一部分，要求完成我国优势产区山楂栽培的地域分布、产业和生存现状调查，每树种发表相关科学调查研究报告，合作撰写一本考察著作。

　　自2016年1月开始，我们启动了《中国山楂地方品种图志》的撰写工作，组织有关人员，起草撰写大纲，整理、收集品种资源调查资料和补充图片等前期准备工作，并开始着手撰写部分章节内容。2016年7月继续整理收集各片区调查数据和照片，撰写《中国山楂地方品种图志》的初稿，共收录山楂地方品种66份。2017年6月，中国农业科学院郑州果树研究所联合中国林业出版社，会同中国农业大学、山西省农业科学院生物技术研究中心、山东省果树研究所和南京农业大学在河南省郑州市召开了"中国果树地方品种图志丛书"第一次撰写工作会，曹尚银、房经贵、曹秋芬、尹燕雷、谢深喜、徐小彪、何增明、张华、李好先、骆翔等来自全国各地的20余位专家、学者参加会议，研究、讨论、确定了《中国山楂地方品种图志》撰写大纲，明确了撰写格式、撰写任务、撰写时间和具体分工。最后，由曹尚银同志根据书稿情况，邀请有关专家审定并最终定稿。

　　《中国山楂地方品种图志》是首次对中国山楂地方品种种质资源进行比较全面、系统调查研究的阶段性总结，为研究山楂的区域分布、品种类别及特异资源的开发利用提供较完整的资料，将对促进我国山楂产业发展和科学研究起到重要的作用。本书的写作内容重点放在山楂地方品种种质资源上，也就是品种资源的调查地点、生境信息、植物学信息和品种评价的描述上。总体工作思路如下：①在果树生长季节，每年进行4次野外调查，分别采集山楂的叶、花、果等数据和照片，以及在当地实际的物候期数据；②将全国分为东部、西部、南部、北部、中部5个片区，每个片区配备一个调查组，每组至少15人，分3个小队进行调查；③各调查组查阅有关资料、走访当地有关部门，确定调查的县、乡、村、农户，进行调查；④组建专家组（14人），对各片区提出的疑难地区进行针对性调查。

本书总论主要阐述山楂地方品种收集的重要性，区域分布特点，产业发展现状，调查方法，调查结果和主要种质资源的鉴定分析；各论是对收集的地方品种的具体信息进行描述，包括调查人、提供人、调查地点、经纬度信息、样本类型、生境信息、植物学信息和品种评价，并配置相应品种的生境、单株、花、果实、叶片的高清晰度照片，本书所配照片在总论中都一一标出拍摄人或提供人姓名，各论里照片都是各片区调查人拍照提供，由于人数较多，就不一一列出。开展工作时采用了分片区调查的方式，各片区所辖的范围如下：东部片区辖山东、上海、浙江、安徽、福建、江西等省（自治区、直辖市），西部片区辖山西、陕西、甘肃、青海、宁夏、新疆等省（自治区、直辖市），北部片区辖河北、北京、辽宁、吉林、黑龙江、内蒙古等省（自治区、直辖市），中部片区辖河南、湖北、湖南、西藏等省（自治区、直辖市）。本书收录的山楂地方品种（类型）的形态特征及经济性状，可为生产利用提供参考，对山楂地方品种保护、产业发展、山楂科学研究具有深远影响。

中国工程院院士、山东农业大学束怀瑞教授对本书撰写工作给予热情关怀和悉心指导；中国农业科学院郑州果树研究所、中国林业出版社等单位给予多方促进和大力支持；国家科技基础性工作专项重点项目"我国优势产区落叶果树农家品种资源调查与收集"、国家出版基金给予了支持。在此一并表示深深的感谢。

由于著者水平和掌握资料有限，本书有遗漏和不足之处敬请读者及专家给予指正，以便日后补充修订。

著者

2017年8月

目录

Contents

中国山楂地方品种图志

总论

第一节
地方品种调查与收集的重要性

果树产业作为世界农产品生产三大项之一，一直都受到各国政府的重视和支持。种质资源作为基础理论研究、培育新品种等重要的资源，不仅可以保留濒临灭绝的物种，保存对人类和自然具有重要、甚至是未知作用的基因，而且可以为其他学科的研究和科技创新提供研究材料和重要的科学数据。因此，各国都积极地进行收集、鉴定和保存工作。例如，国际植物遗传资源研究所、美国国家植物遗传资源局、日本国立遗传资源中心等都是各国收集、保存和研究种质资源的专门部门。

地方品种又称农家品种，是在特定地区经过长期栽培和自然选择而形成的品种，对所在地区的气候和生产条件一般具有较强的适应性，并包含有丰富的基因型，具有丰富的遗传多样性，常存在特殊优异的性状基因，是果树品种改良的重要基础和优良基因来源。发达国家已经将其原产果树树种的地方品种进行了详细的调查和搜集。近年来，欠发达国家也已开始重视地方品种的调查和收集工作。截至2008年：伊朗仅石榴地方品种就收集了872份、土耳其收集了无花果地方品种225份、杏地方品种386份、扁桃地方品种123份、榛子地方品种278份、核桃地方品种966份。近年来，美国和乌兹别克斯坦联合对乌兹别克斯坦的葡萄地方品种和野生资源进行系统收集。

在美国、欧洲等发达国家，果树大多以大中型的果园农场进行生产，小型果园或类似我国地方形式的生产较少。这种类似工业化生产的模式给生产者带来巨大方便快捷的同时也同样造成了果树品种单一、许多优良的自然突变被忽略，因而在一定程度上来说对于果树的自然育种是不利的。由于社会历史的原因，我国果树生产大都以农户生产方式存在，果园面积小，经济效益低。这种农户型的生产方式有着种种弊端，但同时也为自然突变所产生的优良品种提供了可以生存的空间。农户对于自家所生产的品种比较熟悉，通过自然实生、芽变或自然变异所产生的优良性状的果树品种能够被保留下来，在不经意间被选育出来，成为地方品种。但由于这种方式所产生的品种没有经过任何形式的鉴定评价，每种品种的数量稀少，很容易随着时间的流逝而灭绝。

新中国成立后，党和政府十分重视果树事业的发展。国务院在1956年拟定的全国科技远景规划中提出："要调查、收集、保存、利用我国丰富的果树品种资源"。农业部也发出了"关于全面收集整理各地农作物地方品种工作的通知"。1958年全国各省（自治区、直辖区）相继进行了果树资源普查。中国农业科学院果树研究所（一部分后来南下黄河故道地区的郑州市，即后来成立的中国农业科学院郑州果树研究所）为了推动此项工作的开展，先后召开了西北、华东、新疆、云贵及两广等13省（自治区）果树资源调查座谈会。到1960年，全国已有18个省（自治区）基本完成了野外调查任务。初步查明，河北省有103个种，1000多个品种；山东省有90余个种，3000多个品种；陕西省有185个种，1000个以上品种（或类型）；新疆维吾尔自治区有78个种，17个变种，约900多个品种；辽宁省有73个种，20个变种，970余个品种。

由于首次普查工作的成果因为历史的原因大多得而复失，1979年果树资源考察工作又重新提上日程。1979年初，农业部召开"第一届全国农作物品种资源科研工作会"之后，中国农业科学院组织了对西藏、云南、湖北等省（自治区）的考察。这部分工作中最具代表性的是中国农业科学院郑州果树研究所牵头成立全国猕猴桃资源调查组，组织各省市自治区有关研究单位开展的全国猕猴桃资源大普查。这次普查基本摸清了我国分布在云南、西藏等27个省市自治区的猕猴桃属植物资源，并主编出版了《中国猕猴桃》专著。该书至今仍被认为是世界唯一的权威性猕猴桃专著，并在"十五"期间出版了英文版，为我国乃至世界猕猴桃资源的研究和产业的持续发展奠定了基础。

应该说过去的资源考察工作取得了丰硕的成果，大体摸清了我国果树资源的分布、主要品种，出版了主要果树树种的果树志，建立了主要树种的国家级种质资源圃，已收集各树种的栽培种、地方品种、引进品种、野生种和近缘植物。其中桃1674份（郑州729份、南京587份、北京285份、轮台68份、公主岭5份），1768份梨资源（兴城811份、武昌619份、轮台92份、公主岭246份），苹果资源1164份（兴城759份、轮台73份、公主岭332份），葡萄资源2020份（郑州1185份、太谷382份、左家400份、轮台36份、公主岭17份），核桃资源185份（泰安142份、轮台42份、公主岭1份），板栗资源156份（泰安），柿资源565份（陕西），枣资源620份（太谷），李资源560份（熊岳450份、轮台35份、公主岭75份），杏资源758份（熊岳550份、轮台146份、公主岭62份），草莓资源444份（南京254份、北京190份），山楂资源338份（沈阳298份、轮台14份、公主岭44份），石榴资源16份（轮台），猕猴桃资源173份（武汉155份、公主岭18份），樱桃资源10份（公主岭）。

以上统计是将各资源圃的数据简单相加的结果，其中必然有重复收集的资源，但是也可以大致看出各树种目前资源收集和保存的状况：苹果、梨、桃、葡萄等四大落叶果树树种收集的资源最多，资源收集较为完全，并且从国外引进来不少资源，这些树种资源调查和收集补充的任务相对较轻。柿、枣、李、杏收集的资源数量居中，这些树种原产于我国，地方品种非常多，其中柿地方品种约有936份、枣地方品种有938份、李地方品种约有1000份、杏地方品种有1463份，现在已经收集入圃的地方品种仅占已知地方品种数量的40%~66%，有必要继续加强调查和收集工作。核桃、板栗、山楂、猕猴桃育成品种较少，收集的多为地方品种，

但数量偏少，地方品种收集数量仅占已知地方品种数量的很少一部分。尤其是樱桃和石榴，至今我国还没有专门的国家资源圃，收集的资源才10多份，这方面的工作基本没有开展，沈阳农业大学建立国家果树种质资源沈阳山楂圃是我国专业的山楂资源保存圃，目前保存资源总数达298份，但山楂地方品种资源收集仍不完全（图1）。地方品种的收集尤其需要利用好本次地方品种调查的机会，加强其资源的调查、收集和保存工作。应该指出，由于当时条件的限制，考察工作也留下了一些空白。首先是当时出于生产实际需要的考虑，对栽培品种较为重视，对地方品种和野生种质资源注意较少，国内地方果树品种的调查收集并不系统。落叶果树仅见零散有优良地方品种的报道，如抗寒品种秋黄梨（原名勃利小白梨）、优良李子地方品种黄王干核李等。中国地大物博，现已报道的地方品种只是很小一部分。《中国果树志》各卷收录的内容或许最能反映这种情况，如《核桃卷》收录核桃品种386个，而地方品种仅收录了163个。

随着时代的发展和科研、育种工作的深入，种质资源调查的要求也发生了很大的变化。育种家们逐渐认识到现有栽培品种的遗传育种体系相对封闭，遗传多样性受制于其祖先亲本，遗传背景极为狭窄，育种性状提高的空间越来越小，亟须引入新的优异基因资源。地方品种因为积累了丰富的优良变异，且本身综合性状较好，逐渐成为新形势下育种家们迫切需要了解的资源。因此，为了保护和收集这些长期累积下来的优良地方品种果树资源，进行系统的调查迫在眉睫（图2~图4）。

由于当时科技水平和人财物交通等条件的限制，资源考察工作的效果势必受到影响。由于当时没有电脑，相机技术相对今天也很落后，野外资源考察工作没有能够留下很多的图像资料，即使有图像资料的，其色彩、清晰度等各方面也存在许多失真的地方。而且，当时没有GPS导航设备，一些有关资源地域分布的描述并不确切；后期如果当地的地理环境发生变化，往往也不能对该地区的资源进行回访调查。

现在，我们可借助笔记本电脑和高性能的数码相机进行考察，把以前想记录而没法记录下来的图像较为准确和形象地记录下来；我们使用GPS定位导航设备和GIS软件系统可以对每个地方品种的生境

图1 国家果树种质资源沈阳山楂圃果树资源（卜海东 供图）

图2 山楂地方品种随开荒逐渐面临濒临灭绝（房经贵 供图）

图3 生存环境恶劣的山楂地方品种资源（牛娟 供图）

图4 生存环境恶劣的山楂地方品种资源（曹尚银 供图）

和其代表株进行精确定位和信息采集。这些工作意义重大而有效率，最后可以形成高质量的主要落叶果树地方品种图谱、全国分布图和GIS资源分布及保护信息管理系统。

由于以前交通条件不够便利，资源调查工作受到限制。公路、铁路和交通工具均比较落后，许多偏僻地方考察组无法到达，无法详细考察地方品种的详细信息。而现在，公路、铁路和航空交通都较当时有了巨大的发展，给考察工作创造了很好的条件，使考察组可以深入过去不能够到达的地方，从而可能发现、收集并保存更多的地方品种资源。

而且，这么多年过去，有些地方即使当年考察组已经调查过，由于当地社会经济状况已经发生了翻天覆地的巨大变化，地方品种的生存状况自然也会相应发生变化。实际上随着经济的发展，城镇化进程的加快；果树产业向着良种化、商品化方向发展；果树地方品种的生存空间和优势地位正加速丧失！加上国家对地方品种的保护宣传力度和配套

措施不够，导致果树地方品种因为各种原因急速消失，濒临灭绝，许多地方品种现在已经无法寻见！这就要求我们必须要再次进行系统周密的地方品种调查。一方面能够了解我国地方果树生产现状，解决地方果树生产的各种问题，另一方面也为收集和保存大量自然产生的果树品种资源，丰富我国种质资源库，为选育优良果树品种提供更多优异原始材料。对我国优势产区落叶果树地方品种资源进行调查和收集，可以在有限的时间和资源配置下，快速有效地了解和收集到最多的资源。

一 山楂地方品种收集存在的问题

目前，国内尚未有专门单位对地方品种进行收集。一方面，优良的地方品种资源往往分布在山地、丘陵区，为收集者制造了障碍和困难。另一方面，对收集来的地方品种进行斟酌鉴定和分类保存不仅需要专门资源圃，也需要耗费大量的人力、物

力成本。人们对山楂属植物已经进行了较为广泛的研究，但是在研究深度上落后于其他植物。通常地方品种对原生境有着较强的适应性，含有更多优良基因，加强对种质资源的收集和保护，收集山楂地方品种既是对优良基因的一种保护，又是种质资源创新的前提（图5～图16）。

图5　收集的地方品种资源（'小金星'）（李好先 供图）

图6　收集的地方品种资源（'华北小山楂'）（李好先 供图）

图7　收集的地方品种资源（'罗家沟山楂'）（李好先 供图）

图8　收集的地方品种资源（'法库实生山楂'）（李好先 供图）

图9 收集的地方品种资源（'马家大队山楂'）（李好先 供图）　图10 收集的地方品种资源（'磨盘山楂'）（李好先 供图）　图11 收集的地方品种资源（'宁阳山楂'）（李好先 供图）

图12 收集的地方品种资源（'红果山楂'）（李好先 供图）　图13 收集的地方品种资源（'双红'）（李好先 供图）　图14 收集的地方品种资源（'山里红'果实）（李好先 供图）

图15 收集的地方品种资源（'山里红'植株）（李好先 供图）　图16 收集的地方品种资源（'溪红'山楂）（李好先 供图）　图17 国家果树种质沈阳山楂圃部分资源展示（王爱德 供图）

二 山楂地方品种收集的意义

山楂属于蔷薇科（Rosaceae）山楂属（Crataegus），广泛分布于亚洲、欧洲、中北美洲及南美洲的北部，是蔷薇科中一种重要的植物。山楂为落叶乔木或灌木，花色纯白或红，其果实为红色、橙色、黄绿色、黄色或黑色，具有较高的营养价值和药用价值。山楂不仅是重要的果树，也是良好的园林观赏植物和绿化树种。山楂品种资源丰富，山楂选育在20世纪取得了显著成效，选育出了一批优良品种，但随着山楂价格的下降，近年来发现多数山楂产区面积在逐渐缩小，杂交育种选育优良品种研究也逐渐减少。通过自然突变和实生选种当地人选择出了许多优良的地方品种，因此，为防止产业下滑对山楂地方品种资源造成灭绝的影响，加快收集和评价地方山楂品种资源，为我国山楂产业的再次复苏储备充足的遗传基因。地方品种分布较分散，往往不被研究者重视，国家果树种质资源沈阳山楂圃是国家专业的山楂资源保存圃，其收集了部分地方品种资源。

三 国家果树种质资源沈阳山楂圃介绍

国家果树种质沈阳山楂圃（简称山楂圃）也称果树种质山楂圃（沈阳），其英文名称为：National Filed Gene Bank for Hawthorn（Shenyang, Liaoning）或National Fruit-tree Germplasm Resources, Shenyang Hawthorn Repository。山楂圃的主管部门是中国农业部，依托单位是沈阳农业大学园艺学院（图17～图22）。

早在1982年，沈阳农学院（现为沈阳农业大学）山楂课题组在学校的植物园内建立了山楂种质资源圃，圃地面积0.67hm²，栽植了全国各地引入的170余份山楂资源共1000余株。建圃后，先后承担了辽宁省下达山楂生产开发课题和"七五""八五"期间国家科技攻关项目中的山楂种质资源鉴定评价研究子专题，并先后获得了辽宁省（1987）、农业部（1993）和国家（1995）奖励。1994年11月山楂种质资源圃通过了农业部的验收并下达了农科发（1984）18号文件，正式命名沈阳山楂圃为"国家果树种质沈阳山楂圃"。进入21

图18 国家果树种质沈阳山楂圃部分资源果实展示（三爱德 供图）

图19 国家果树种质沈阳山楂圃部分资源枝条展示（王爱德 供图）

图20 国家果树种质沈阳山楂圃部分资源枝条展示（王爱德 供图）

图21 国家果树种质沈阳山楂圃部分资源叶片展示（王爱德 供图）

图22 国家果树种质沈阳山楂圃部分资源植株展示（王爱德 供图）

图23 国家果树种质沈阳山楂圃同一品种3株展示（王爱德 供图）

图24 国家果树种质沈阳山楂圃同一品种3株展示（王爱德 供图）

图25 国家果树种质沈阳山楂圃费县'大绵球'山楂果实（王爱德 供图）

世纪后，为了提高农作物种质资源的保护与开发利用水平并推动农业的可持续发展，农业部于2003年8月下发了农计函（2003）57号文件批复了国家果树种质沈阳山楂圃的改建项目。经过3年的建设，山楂圃于2006年10月基本完成了批复的建设内容及规模，在校内天柱山南坡扩新建了山楂、榛种质资源圃，占地面积4.0hm²；也使得国家果树种质沈阳山楂圃的面积达到了4.67hm²。到2012年7月，因学校重新规划植物园，收回了坐落在那里的山楂圃地

和与其配套的相关建筑。因此，截至2012年年底山楂圃的总面积4.0hm²，有办公室和实验室450m²、库房100m²；拥有原子吸收分光光度计、紫外可见分光光度计、PCR仪等实验测试仪器及电脑等设备共50余台件，仪器设备总值达60余万元。

截至2014年，国家果树种质沈阳山楂圃共保存山楂资源298份（涉及15个种和变种）（图23～图32）、榛资源102份（涉及2个种），已成为中国山楂种质资源研究、教学及共享和利用的平台。

图26 国家果树种质沈阳山楂圃'辽红'山楂果实（王爱德 供图）

图27 国家果树种质沈阳山楂圃费县'大绵球'山楂植株（王爱德 供图）　图28 国家果树种质沈阳山楂圃'辽红'植株（王爱德 供图）　图29 国家果树种质沈阳山楂圃清原'磨盘山楂'果实（王爱德 供图）

图30　国家果树种质沈阳山楂圃'秋金星'山楂果实（王爱德 供图）

图31　国家果树种质沈阳山楂圃清原'磨盘山楂'植株（王爱德 供图）

图32　国家果树种质沈阳山楂圃'秋金星'山楂植株（王爱德 供图）

第二节
山楂地方品种调查与收集的思路和方法

由于前人受财物及交通等条件的限制和现代科技数码设备应用有限，已出版的书籍中缺少图片、定位等信息，资源考察工作不是十分完善。野外资源考察工作中，图片数量较少，即使有图像资料的，其色彩、清晰度等各方面也存在许多失真的地方，很多资源图片采用手绘制图的方式完成，没有颜色。而且，当时没有GPS导航设备，一些有关资源地域分布的描述并不确切；因环境的变化，人类耕作、开荒等因素的影响导致资源的丧失，不能完成对资源收集的描述工作，有些偏远山区好的资源发现不易，后期寻找没有准确的定位则不能确定当地优良的地方品种。

针对以上问题，我们组织果树科研专家，参照《山楂种质资源描述规范和数据标准》，提出了"地方品种标本的采集规范与图片质量要求"，弥补了以前调查的技术水平和工具的不足，制作了山楂地方品种资源收集调查表格。

利用现代数据产品的开发和电脑的广泛应用为资源收集提供了更加细致的描述基础，更精确的描述地方品种的地理位置。我们应用GPS对现存的地方品种进行定位，为后人采集地方品种资源提供了更加精准的信息，并配备清晰的图片便于识别地方山楂资源。根据果树种质资源野外调查制定了细致的调查方法和手段，以便在较短的时间内获得全面的地方品种信息。此次调查收集的优点在于借助现代科技手段，利用高质量的数码相机和GPS导航定位设备对收集的地方品种资源进行细致描述。"地方品种标本的采集规范与图片质量要求"中我们提出了标本采集规范、图片质量要求规范、标本压制技术规范等要求。东、西、南、北、中五个片区分别行动，按标准收集我国山楂地方品种资源（图33～图54）。

图33 山楂地方品种收集与调查：中部片区品种果实（曹尚银 供图）

图34 山楂地方品种收集与调查：中部片区品种叶片（曹尚银 供图）

图35 山楂地方品种收集与调查：中部片区品种植株（曹尚银　供图）

图36 山楂地方品种收集与调查：中部片区品种枝条（曹尚银　供图）

图37 山楂地方品种收集与调查：中部片区品种生境（曹尚银　供图）

图38 山楂地方品种收集与调查：中部片区品种树皮（曹尚银　供图）

图39 山楂地方品种收集与调查：南部片区品种枝条（房经贵　供图）

图40 山楂地方品种收集与调查：南部片区品种植株（房经贵　供图）

图41 山楂地方品种收集与调查：南部片区品种生境（房经贵　供图）

图42 山楂地方品种收集与调查植株：东部片区品种植株（尹燕雷　供图）

图43 山楂地方品种收集与调查：东部片区品种花（尹燕雷 供图）

图44 山楂地方品种收集与调查：东部片区品种果实（尹燕雷 供图）

图45 山楂地方品种收集与调查：东部片区品种叶片（尹燕雷 供图）

图46 山楂地方品种收集与调查：东部片区品种枝条（尹燕雷 供图）

图47 山楂地方品种收集与调查：北部片区品种植株（王爱德 供图）

图48 山楂地方品种收集与调查：北部片区品种花（王爱德 供图）

图49 山楂地方品种收集与调查：北部片区品种果实（王爱德 供图）

图50 山楂地方品种收集与调查：北部片区品种叶片（王爱德 供图）

图51 山楂地方品种收集与调查：西部片区品种植株（曹秋芬 供图）

图52 山楂地方品种收集与调查：西部片区品种果实（曹秋芬 供图）

图53 山楂地方品种收集与调查：西部片区品种叶片（曹秋芬 供图）

图54 山楂地方品种收集与调查：西部片区品种枝条（曹秋芬 供图）

一 调查我国山楂优势产区地方品种的地域分布、产业和生存现状

通过查阅文献资源和借助现有山楂书籍了解我国山楂资源的分布和地方品种资源的信息，确定未来落叶果树的优势区和地域分布，对山楂地方品种分布区域进行有针对性的调查和收集。实地走访主要山楂种植地区，科学调查山楂资源的优势产区区域分布、历史演变、栽培面积、地方品种的种类和数量、产业利用状况和生存现状等情况，最终形成一套系统的相关科学调查分析报告。

二 初步调查我国山楂资源的原生境、植物学、生态适应性和重要农艺性状

调查我国山楂地方品种地理位置信息（GPS定位），对我国山楂优势产区地方品种资源分布区域进行原生境实地调查，评价原生境生存现状，调查相关植物学性状、生态适应性、栽培性能和果实品质等主要农艺性状，对山楂优良地方品种资源进行初步评价、收集和保存。通过以上工作形成我国山楂资源分布图，完成高质的山楂地方品种图谱的制作。

图55 山楂地方品种植株照片（曹尚银 供图）

图56 山楂地方品种花照片（曹尚银 供图）

图57 山楂地方品种果实照片（曹尚银 供图）

图58 山楂地方品种叶片照片（曹尚银 供图）

图59　山楂地方品种枝条照片（曹尚银　供图）

图60　铁岭山楂叶片标本收集（王爱德　供图）

图61　'劈破石2号'山楂叶片标本收集（王爱德　供图）

图62　'本溪4号'山楂叶片标本收集（王爱德　供图）

图63　'本溪7号'山楂叶片标本收集（王爱德　供图）

图64　'于原软籽'山楂叶片标本收集（王爱德　供图）

图65　'桓仁向阳'山楂叶片标本收集（王爱德　供图）

图66　'百泉7907'山楂叶片标本收集（王爱德　供图）

图67　'磨盘山楂'叶片标本收集（王爱德　供图）

三　山楂地方品种的图文资源采集和制作

前人由于交通设施的限制，未能完善山楂资源图片的收集和整理工作。现代我国公路、铁路和航空交通等设置逐渐完善，为资源的考察和收集提供了必备条件，加速了资源采集的速度，从而可能发现、收集并保存更多的地方品种资源。我们每次调查时，针对季节条件，采集当下的植株表型图片，记载其生境信息、植物学信息、果实信息，并对其品质进行评价，按山楂种质资源调查表格进行记载（图55～图59），并制作浸渍或腊叶标本（图60～图67）。根据需要对部分果实进行果品成分的分析。

（四）山楂地方品种的环境表型和品种遗传型

针对北方区域抗寒地方品种的调查与采集工作，对山楂主要生态区具有丰产、优质、抗逆等主要性状资源进行收集保存，针对恶劣环境条件下的山楂地方品种，注重对工矿区、城乡结合部、旧城区等地濒危和可能灭绝的地方品种资源进行收集保存（图68～图71），用于集中收集、保存和评价特异山楂地方品种资源，以确保收集到的果树地方品种资源得到有效的保护。

通过表型特征对收集的山楂地方品种资源进行初步观察和评估，对山楂地方品种中存在的同名异物和同物异名现象进行分析。采集地方品种的遗传背景相近的不同类型观察其表型变化，并用分子生物学的技术和方法进行鉴定和分析（图72）。我们在山楂地方品种的调查过程中发现，由于社会经济的快速发展，诸多当年介绍的优异的地方品种资源已经不复存在。通过此项工作，一方面能够了解我国山楂地方品种果树生产现状，另一方面也收集和评价了大量的地方品种资源，为我国山楂育种和优良品种的开发，提供了大量的材料。丰富我国山楂种质资源库，为选育优良山楂品种提供更多优异原始材料。

图68 城乡结合部山楂资源（曹尚银 供图）

图69 濒临灭绝和野生状态的山楂地方品种资源（房经贵 供图）

图70 野生状态的山楂地方品种资源（曹秋芬 供图）

图71 野生状态的山楂地方品种资源（曹秋芬 供图）

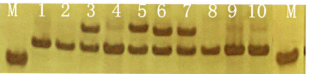

图72 部分山楂地方品种聚丙烯酰胺凝胶电泳检测结果（杜潇 供图）

第三节
山楂的起源与分布

一 世界山楂的起源与分布

山楂属（*Crataegus*）植物起源较早，据我国中国科学院植物研究所和南京地质古生物研究所（1978）记载，北美自白垩纪至上新世和西欧自渐新世到上新世以及俄晚白垩纪都曾发现过山楂属植物的化石。美国考古学家在阿拉斯加挖掘的化石中，山楂属植物发现于上新世地层（Wolfe，1972）。在中国第三纪中新世的山东山旺组的植物区系和内蒙古平庄发现的古生物中，都有山楂属植物的存在。我国幅员辽阔，温度极适于山楂属植物的生长，是山楂的起源中心之一。在山东临朐出土的楔叶山楂（*Crataegus miocuneata* Hu et Chaney）和现代的楔叶山楂（*Crataegus cuneata* Sieb.et Zucc.）之间的唯一区别为叶片基部的形状不同，现代楔叶山楂楔形更加明显。我国学者俞德浚（1984）根据山楂的化石推测山楂属植物起源于新生代第三纪。Phipps，*et al.*（1983）根据不同山楂种的49个形态特征和地理分布的分析提出了"白令海峡迁移理论"假说。该假说全面、清晰地阐明了山楂的起源和演化过程，认为山楂可能起源于新生代第三纪，提出山楂进化的表型变化过程。其以山楂枝的无刺和少刺为原始类型，长刺和多刺为进化类型；叶片不分裂为原始类型，裂叶为进化类型；果实颜色进化从黄色到红色，最终演化为黑色；果核由5向少核方向进化。依据以上表型特征结合地理分布认为云南山楂[*Crataegus scabrifolia*（Franch.）Rehd.]和墨西哥山楂（*Crataegus mexicana* Moc.et Sesse.）为现存山楂中最原始的种。原始的云南山楂和墨西哥山楂在始新世或者中新世穿越白令海峡向南传播，进化为现存的云南山楂和墨西哥山楂。欧洲的山楂种大部分是由原始的云南山楂类群向西传播到欧亚大陆；美洲的山楂种大部分是由云南山楂经东亚穿过白令海峡到达北美洲，少部分是由原始的墨西哥山楂种群传播到北美洲。近年来陆续有关于山楂的同工酶和分子生物学证据（Evans，*et al.* 2002；Eugenia，2008），认为欧洲和北美洲东部为山楂属植物的起源中心。总之，对于山楂属植物的研究起步较晚，对于山楂起源和演化过程尚需要更加可靠的证据来证实。

山楂属植物主要分布于北半球，位于温带和亚热带北纬20°~60°之间，世界地理分布最广的地区为北美，山楂属植物种的数量较多，为了便于分类，植物学家将山楂微小的形态差异作为划分种的依据（Palmer，1932；俞德浚，1979；Akbari，2014）。

二 我国山楂的起源与历史分布

1. 我国山楂资源的起源与演化

（1）考古证据证实山楂的起源 我国考古学家在化石中发现了古人采食山楂资源的证据，在河南的驻马店杨庄、辽宁的新乐遗址和山东的滕州庄里西等地均发现山楂的果核。史前的这些证据证实先民就已经开始采集野生山楂资源作为食物（俞为洁，2010；刘长江等，2010）。

（2）各朝代更替过程中山楂的演化过程 秦汉晋的历史古籍中，山楂果实是作为一种野生果实被人们采集成为一种药物。西汉的《西京杂记》记述了汉武帝修建上林苑时群臣远方所献名果异林的情况，其中提到"查三，蛮查、羌查、猴查"。粗、查、楂、楂在古时是通用字，古籍中这4个字并不是专指山楂而言。关于这3种查树中的"蛮查"，其中羌查和猴查可能是山楂属植物中的2种山楂，南宋时郑樵编撰的《通志》（1161）中说："木瓜短小者谓之榠楂。亦曰蛮楂，俗称为木梨。"这说明古时没有把蛮查认为是山楂的一种。"羌查"在其他的古籍中从未提及。关于"猴查"，李时珍认为山楂"其类有二种，一种小者山人呼为棠枕子、茅楂、猴楂可入药用。"蛮查原产吴越，羌查产于羌地，猴查为山楂一种，猴鼠喜吃，故名（成林等，1993）。栽植于上林苑的3种查树（不管哪种是山楂）都作为观赏之用。陶弘景是我国用山楂作药物治疗疾病的第一人。当时称"鼠查"，据李时珍解释："此物生于山原茅林中，猴、鼠喜食之"。是野生的被采集入药。

我国现存最早的一部农学著作《齐民要术》（533～544）由北魏时期贾思勰编撰，此书记载了50余份果树资源，总结了秦汉以来的果树栽培技术。但是该书前九卷中记载的是当时在北魏疆域之内的果树种类，不包括黄河、江淮以南的种类，只是在第十卷中记载了"非中国物产"的果树类中的"杭"。这里的"非中国"是指不在北魏疆域内栽培的果树种类。从中我们可推测，可能当时在黄河以北有野生的杭树，但贾思勰没有见到。只能抄录郭璞的《尔雅注》中对"杭"的注释原文。

贾思勰的《齐民要术》成书80余年后的618年，历史进入到唐代。在唐、宋时期，我国的果树生产进一步发展，产区不断扩大，栽培技术不断完善，果品利用与商品化得以开发。

山楂的入药用途得到唐政府的认可，载入到苏敬等人编修的，当时作为国家药典的《新修本草》（659）之中，列入到"木部下品"内，而没有列入"果部"。对山楂（赤爪草）记载如下：赤爪草，味苦，寒，无毒。主水利，风头，身痒。生平陆，所在有之。实，味酸冷，无毒。汁服主利，洗头及身差疮痒。一名羊梂，一名鼠查。小树生高五六尺，叶似香荽，子似虎掌，大如小林檎，赤色。出山南申州、安州、随州。"这里简要描述了"赤爪草"的药性以及另外二个称呼。还描述"赤爪草"的树体性状，包括叶、种子和果实。指出了产地在申州（今河南信阳），安州（今湖北安陆），随州（今湖北随州）。从树体性状和产地分析，赤爪草应该是现代所说的野山楂（*Crataegus cuneata* Sieb. et

Zucc.）。野山楂为灌木类型，果实小，直至今日仍无栽培而处于野生状态。因是野生，虽然列入在木部之中，但没有称为"赤爪木"而称"赤爪草"，可能有微小之意。80年后陈藏器编撰的《本草拾遗》把"赤爪草"改称为"赤爪木"，才是名正言顺。

因《新修本草》编入的新增药物只有114种，多有遗漏。陈藏器编撰了《本草拾遗》（739～741）一书，补充新增加的药物是《新修本草》的6倍之多。在《本草拾遗》中对"赤爪木"描述如下：陶注于杉条中，鼠查一名羊梂，即赤爪也。煮汁洗漆疮，效。《尔雅》云："栃，其实梂。一名鼠查梂，此乃名同耳。梂似小查而赤。人食之，生高原。"

唐代初年欧阳询编撰的大型类书《艺文类聚》（624）中的"菓部"没有列入山楂。唐代末年韩鄂编撰了一部月令体的农书《四时纂要》，书中广泛集中了唐和五代时期的农业生产及农副产品加工和农家日常生活所需的各方面知识，还包括了多种果树的栽培技术。但该书没有记载有关山楂的内容。这说明在唐代山楂尚没有人工栽培，仍为野生作为药物利用。

宋代初年，李昉等于公元977年开始编修，到984年完成的《太平御览》中把山楂列为"果部"，名为"杭"，用郭璞注原文。这说明在宋代时人们不仅认为山楂是一种药物，同时还是一种果品，其意义在于扩大了山楂的利用范围。

1062年苏颂等人奉令撰著《图经本草》，该书搜集了当时全国各郡县的标本，书中描述了植物形态并有绘图。该书对山楂的描述如下："棠梂子，生滁州，三月开白花，随便结实，其味酢而涩，采无时。彼土人用治病疾及腰疼，皆效。他处亦有，而不入药用。"《图经本草》没有沿用"赤爪木"称呼山楂，而是用"棠梂子"，幸好李时珍把这些名称都统一并称"山楂"。该书说棠梂子出产于安徽滁州的入药疗效好，而其他地方产的不入药用。这说明宋代时滁州的山楂有较大产量且质量好，以供各地药用。正如公元1621年明代的王象晋在《群芳谱》（果谱·山楂）中记述的"滁州、青州者最佳"。另外，清光绪年间编修的《安徽通志》物产卷中记载："滁州产山楂。全来皆产"。全是全椒县，来是来安县。当时为滁州所属。

在宋代，山楂不仅作为药物利用，而且因其产量的增加已进入人们日常饮食之中。苏轼（另说赞宁）编撰的《格物粗谈》是我国古代的博物学著作，在生物学方面收集了大量的资料。该书的"饮馔篇"提到："山查或白梅煮老鸡则易烂"。这是我国历史古籍中第一次用"山楂"这一名称。

元代的历史不长，有三部有名的农书。一部是以大司农司名义编撰的大型综合性农书《农桑辑要》（1273）。另一部是王祯编撰的《农书》（1313），还有一部是鲁明善编撰的《农桑衣食撮要》（1314）这三部农书都有论及果木栽培的内容，但都没有涉及山楂的内容，这说明在元代时山楂仍然没有进行大面积栽培，还算不上是一种重要的果树。

明、清至民国时期由于人口的增长，对农业产品的需求量不断增加，水果的生产也朝着商品化的方面发展，也带动了我国山楂栽培利用走向繁荣发展的阶段。这个时期山楂生产有4个特点：一是栽培技术初步形成；二是入药制成中成药种类和加工食品的种类不断增多；三是逐步形成了山东、河北、辽宁、吉林、河南、山西、江苏等山楂产区，云南中部也出现了云南山楂栽培区。四是民国中期山楂产业也具雏形。

明清时期山楂栽培生产发展的标志是李时珍于公元1578年编纂的《本草纲目》的刊行。在《本草纲目》中李时珍记述了几十种果树，比农书还多，对山楂描述的文字较之前的任何古籍都多且翔实。《本草纲目》考订了山楂的名称，把历史上纷杂的名称统一称为山楂，同时对山楂的树性、产地、分类、疗效、加工方法等都有较周详的论述。以至在李时珍之后的明、清时代的凡论及山楂的古籍都引用《本草纲目》的记述，无出其右者。

《本草纲目》刊行40余年后，王象晋编撰《群芳谱》（1621），该书在记述山楂的名称、树体性状等方面引用了《本草纲目》。该书增加了山楂加工制作技术如下："取熟者。蒸烂。去皮、核及内白筋。白肉捣烂。加入白糖，以不酸为度。微加白矾末。则色更鲜妍。入笼蒸至凝定收之。作果甚美，兼能消食。又蒸烂熟，去皮核，用蜜浸之，频加蜜，以不酸为度，食之亦佳。闻有以此果切作四瓣，加美盐拌蒸食又一法也。入药者切四瓣去核晒干收用。山楂酒，山楂熟时，择擘去虫，洗净控干，捣半碎，每缸用三斗。随添黍米少许，亦可以瓯蒸半熟，取出摊冷。入大曲半块，烧酒一斤，搅

如常法，其味甘淡，不醉人，极消食积。"

明末徐光启撰《农政全书》（1628），在果部列入山楂。抄录了《本草纲目》列出的除山楂的诸名外，还简要说明制作山楂糕的方法："九月熟，取去皮核，捣和糖蜜，作为楂糕，以充果物。亦可入药，令人少睡，有力，悦志。"一般一种果品如果被收录到农书中，就意味着该果品已进入到农业栽培的范围内。就是说山楂在明代中期已开始进行栽培和加工利用。

2. 我国山楂的历史分布

查阅各地的地方志发现，在明代中期，即嘉靖时期各府、县志，或在物产果属或在物产药属大都记述有山楂。这就证明山楂进入栽培生产的历史大约有400年至500年左右。以下列出山楂主产地府、县的实例加以说明。

（1）山东　嘉靖二十五年（1546）编纂的山东《淄川县志》在卷二物产中记载有"山查子"。嘉靖四十四年（1565）编纂的山东《青州府志》卷七物产中记载："药之品山楂……以上出益都县。"公元1580年前后，明代高濂编撰《遵生八笺》中提出："山东大山楂。刮去皮核。每斤入白糖霜四两。捣为膏，明亮如琥珀。再加檀屑一钱。香美可供。又可放久。"1621年山东人王象晋撰《群芳谱》中记载："山楂……滁州、青州者佳。"清乾隆元年（1736）岳浚纂修的《山东道志》卷二十四物产果属中记载："山楂大而红者曰糖梂，小而黄者曰山楂。"到民国时期编修的《山东通志》中记载民国二十二年（1933）：山东山楂栽植株数1147 200株，每株产量0.85担，常年总产量为977 960担，生产县数22个。还记载："山东山楂种植较普遍，其中以济阳、历城、菏泽等县为主要产地。山楂除生食及作蜜饯等副食外，又可入药。故远销省外徐州、南京、镇江、上海及天津、北平等处，外销量占总产量的二分之一以上。"

1931年工商半月刊杂志发表了《天津山楂之调查》一文中就当时国内各地山楂生产栽培及销售等情况进行了报道，其中提到："年产量以冀鲁二省为标准，每年大概出产干鲜共约二千包左右。去年（1930）产量为大熟年，若以天津为中心而计之，共约有四千包上下云。至每包重量，鲜者约重百余斤，干者约重八九十斤。天津货栈在北大关方面者有裕记、新记、永聚、义丰等数家。在河东方面有

大昌兴等数家。"我国园艺学家吴耕民先生的《青岛果树园艺调查报告》（1934）第九章编写了山楂的总说、品种、栽植方法三部分。其后，吴景澄先生编著的《实验园林经营全书》（1935）第二十二章编写了山楂的栽培技术，包括种类、择地、定植、中耕、施肥、整枝、采收、间外副业等九部分。这两部著作虽然字数不多，但在当时是对山楂栽培生产的总结与指导。

（2）北京、河北　北京和河北的山楂栽培历史大约有400余年。北京的主要产区在房山、密云、门头沟、怀柔、延庆、平谷等地。河北的主要产区在隆化、承德、遵化、兴隆、卢龙、滦平、昌黎、抚宁等地。明万历二十一年（1593）成书的《顺天府志》第三卷物产药类中就记载有"山查子"。清光绪十一年（1885）编修的《顺天府志》在物产果类中对山楂进行了较详细地描述："山楂即杬子。畿辅唐志，俗名山里红。房山佟志：红果即山楂也。昌平宋志：大而红者曰糖毬，小而黄者曰山楂。按：糖毬者当为棠梂，经霜乃红。其称糖梂者以糖裹之耳。亦可蜜饯为果脯。今土人称为红果者，此也。山楂可和糖蜜，捣之为楂糕，淡红色者最佳，又入药品。"

据统计，到民国时期的1940年时末，北京的山楂产量约为75万kg（曲泽洲，1990）。《兴隆县志》（2004）记载："兴隆山楂具有400多年的历史。清代嘉庆年间（1796～1820）'风水'禁区周围所产山楂就由商贾药客运销顺天、保定、真定、大名、顺德、怀庄诸府，或为食用，或为药用，遂成一境之特产。"兴隆山楂到建国初期约有10万株左右，产量仅55万kg。

清乾隆四十六年（1781）编撰的《热河志》在物产中记述："山楂，土人称为山里红，味酸涩。群芳谱曰一种小者实有赤黄二色。堪入药。大者经霜乃红可食。今出塞山多有之。"清光绪十二年（1886）编撰的《遵化通志》第十五卷物产果属中描述了'山里红'的树性，物候期，果实性状，栽植特点，制作食品的加工方法。其中特别描述："州产实多小，根易旁滋，移栽易活。实多且大者皆接本。"就是说本地出产的山里红果实小的根易生根蘖，移栽易成活。而果实大的都是经过嫁接的。

民国二十一年《抚宁县志》记载："县南马家峪西山一带、县北台营北一带产果甚多，如桃、李、

杏、梨、核桃、樱桃、山楂、栗、枣、花红、沙果、葡萄、苹果等。……每年除销本地一部外，余多销于东三省及天津、上海等处。"从上述记载看出，河北所产果品包括山楂在内交易地区很广。据1933年统计河北省栽培山楂有378 470株，年产量为176 790担（孙云蔚，1951）。

（3）辽宁　辽宁的山楂栽培始于明代中期，距今约有400余年。明嘉靖十六年（1537）编纂的《辽东志》物产果类中和明万历十七年（1589）编纂的《全辽志》物产果类中都记载有山楂。清乾隆四年（1739）在盛京（今沈阳）任兵部侍郎的常安撰写的《盛京瓜果赋》序言中记述了辽宁瓜果的产地和种类："又内务府所司，辽河以东，果园五十六处，果子山场三十四处。辽河以西，果园七十五处，并岁纳樱额、梨干、榛子、花红、山楂、香水梨、红销梨。诸物其繁盛鲜美，有两京无以奢，南都不能逾者。"康熙十七年（1678）编修的《开原县志》物产果之属中记述有山楂，并记有四种山楂制品为宫廷贡品，年年进奉。民国十八年（1929）编修的《开原县志》物产果属中记述山楂的植物学性状，特别记述了山楂食品的制作方法："穿以竹箅粘以糖衣名糖葫芦，冬令沿街叫卖到处可见。切片曝干名山楂片，泡水供饮料。取果肉制糕名酸楂糕，味酸可开胃，或加果点作馅。为本地东山名产，前清入供。"位于辽宁南部的岫岩县山楂栽培历史始于康熙年间，当时的县志记载农民多在宅旁、山边、地角分散栽植和嫁接。

据民国二十三年（1934）编修的《奉天通志》记载：据实业厅调查，辽宁的山楂于民国六年（1917）产量为681303斤，价值为97695.4元；山里红产量为159635斤，价值为4789.0元。

（4）江苏　江苏的山楂栽培历史当属徐州和宿迁最久。明万历四年（1576）编修的《徐州志》卷二土产中就记载有山楂。万历五年（1577）编修的《宿迁县志》就将山楂列在土产药材类中。清嘉庆《宿迁县志》将山楂列入果部作为本地物产中之"要"进行记述。另外，明清时期江苏的铜山、海州、镇江、扬州、六合、盐城等地方志物产中均记载有山楂。宿迁山楂多为农户房前屋后小片栽植，到20世纪30年代全省约有成片山楂为500～600亩，年产量约为150t。清末宿迁制作的名产"水晶楂糕"曾被选送到"南洋劝业会"展出。1929年还

获得"巴拿马博览会"金奖。民国时期的《宿迁县志》记载："山楂糕行销江南、安徽等地，并运销国外，即此一项年销数在500担以上。"

（5）河南　河南的山楂栽培主要集中于太行山区的辉县、林州，另外焦作、安阳、济源等地也有栽培。河南山楂栽培历史约有300余年。据鄢德锐等考察，河南栽培山楂最早的是兰考县，有300年以上的历史。当时由山东引入的，先在城东北沙丘地带栽植，以后逐渐传遍全县。20世纪80年代在东代庄还有7株约180～250年生的老山楂树。

辉县和林州的山楂均来源于山东。辉县的山楂是在清代康熙年间，后庄乡小井村有人从山东采回山楂枝条嫁接于本村附近的野生山楂树上，当时成活两株（20世纪50年代枯死一株），村民们在这二株树上采枝条嫁接扩大繁殖。后代为怀念其造福于人们的功绩，于1979年在树下立碑，上书"山楂爷"三个大字，碑文中记有："相传清康熙年间，此树由山东采码嫁接，周围凡嫁接山楂树者，均来此采码。"此树距今已有270余年（20世纪80年代）。清代的《官报》记有："太行深处，人民生计多赖果木，故陀陂间俱植山楂、梨、柿等树。辉县西北之湖赤、平罗等处俱有。"

林州城关镇红土岗树附近的沟坡中尚有很多枝干不全的150～200年生的山楂老树。据当地村民介绍，清光绪年间，本村有人曾在山东采回优良品种，嫁接于当时被选为祖坟的地方，以后便世代扩散，使林县成为河南山楂的主产地。另外，清代的《官报》中也有记载："林县产山楂，省（即开封）中有专门行栈，闻大半由该邑运到者。"

据民国十八年《河南建设概况》中的果品出产统计表所载：当年河南山楂共产283 527担，时价每担6.1元，全省仅此一项就收入银元1729 515元。

（6）山西　山西山楂栽培主要集中在晋城、安泽、临汾、绛县、运城等地。山西山楂栽培历史约300年以上。清光绪十八年刻本的雍正十二年（1734）编撰的《山西通志》中记载："元大同路山楂课三十三锭四十五两七钱。今无。"元代天历元年（1328）新增课税32种，包括山楂课税。元代的大同路包括大同、浑源州、应州、朔州、武州，另有弘州等4州不在今山西境内。乾隆四十七年（1782）编修的《大同府志》在物产果属中也记载："山楂，元大同路有山楂课。"

结合上述相关历史文献，我们可作如下推测：在距今600多年前山西大同府所属也包括河北的弘州（现为河北阳原）等4州在内，采集大量的野生山楂销售或栽培山楂达到一定产量在集市上销售而被收税。到元顺帝至元六年不再收山楂课税。元天历元年征收山楂税的有真定路、广平路和大同路。

1997年出版的《绛县志》记载："明末清初，紫家峪村一农民从山东引进山楂接穗，始用本地野生山楂嫁接，果实优于野生山楂。此后本县开始家植山楂树。"明末清初距今已有300余年了，当时在绛县就有嫁接山楂的技术。

除上述文献中的记载外，还有直接的证据如下：

晋城市陈沟乡乔岭村有一株山楂树，树龄已有300余年，树高8.4m，冠径13.4m×13.6m，枝叶繁茂，年产果实在500kg以上。陈沟乡的柏洋坪村目前尚保留有百年以上的山楂枯树残桩，在早年间该村有人从山东带回山楂枝条在当地嫁接繁殖。到清光绪年间当地的山楂栽培达到了一定的规模，附近常有人偷窃。该村在古庙内的园门立碑警告，碑文写道："吾村向来山多田少，衣食无赖，先人因此培植红果树，以为糊口之资，后来竟有无耻之辈，盗卖外村红果过多，今看忽有外村人白日大胆盗红果，村人拉到庙上屡次罚款，同酌之人修理园门，杜后患焉。光绪十六年十月立。"

山西的山楂栽培量扩大以后，对农民的生活起到了重要作用。清光绪三年陈沟乡大旱，颗粒无收，人们肩挑山楂到北路（长治以北）或西路（侯马、临汾一带）以一斤换一斤的行情换来小米。那时，人们还把山楂叶采下来加碱煮熟充饥，救活不少人。民国时期，每逢白露、秋分时节，东北的商人就赶着骆驼来收够山楂，每家每户都彤以山楂果换回一、二缸小米。据说，骆驼队把山楂果驮到天津口岸，远销到海外。

（7）云南、广西　云南和广西栽培的山楂为云南山楂。云南山楂又称山林果、沙楗果、山里红、楂子，广西也称酸冷果。云南山楂过去主要栽培于地边、路旁、村头或堤坝，也常与农作物间作栽培。其繁殖方法以前大都是实生繁殖。云南山楂的栽培历史约为400～500年。明正统元年（1436）兰茂编撰的《滇南本草》刊成，该书是一部记述我国西南部地区药物的珍贵著作。书中记载："山楂，味甜酸、性寒。消内积滞、下气、吞酸、积块。"这里记述的山楂即是分布于西南部的云南山楂，距今已有500余年了，比李时珍的《本草纲目》对山楂的记述还早140余年。明万历四年（1576）李元阳撰修的《云南通志》中记载云南山楂出产。清乾隆元年（1736）编纂的《云南通志》在二十七卷物产果属中记载："山楂，通海者佳。"据云南江川文史资料记载：江川县山楂栽培历史悠久，雄关乡栽培居多，在窑房村的大坝塘有300余年以上的山楂大树，树高13.6m，冠幅14.7m×15.9m，年产鲜果1000kg左右。广西栽培云南山楂的历史约有300多年，从历史古籍的记载中可以看出要晚于云南。清乾隆六年编修的《南宁府志》十八卷食货志物产果属中就记载有"山里红"。在这以后的有关古籍中对广西各地栽培的云南山楂很少有记述，到民国期间有10余部县志中有较多的记述。例如，民国二十四年编修的《邕宁县志》食货志物产中记述："山楂一名挼捻果，常绿灌木，树叶似梅而枝软，高可丈余，枝间有刺，花小而色白，结实大如龙眼，生青，熟赤紫，皮软瓤黄，味甘涩，入药用，善消食积。欲啖食，必先挼捻令软，使失去涩味则甘甜，或以甘草制之，味亦佳。"

民国二十六年（1937）编修的《田西县志》记载："山楂果为特产，制糕行销于本境及田南各县。""本县出口货物以茶油、桐籽、山楂果等为大宗。"该志还列表多项货物销售数量与价值，其中山楂糕为一万五千斤，价值一万五千元。另一项玉米销售十五万斤，价值一万五千元。从中可看出，一万五千斤山楂糕相当于十五万斤玉米的价值。另外该县志中还详细记载了生产制作山楂糕的方法。

3. 我国山楂属植物的分类和分布

我国山楂属植物资源丰富，自20世纪50年代起，我国果树专家开始进行山楂资源调查。中国农业科学院特产研究所1979年组织果树专家进行了全国范围内的山楂属资源的调查和研究。此次调研工作覆盖了全国16个省市、自治区和直辖市，系统的查清了我国山楂资源的分布和资源数量情况。除在海南、台湾、香港和澳门外，其他省皆有山楂资源分布。具《中国果树志·山楂卷》（1996）记载在我国分布的山楂有18个种和6个变种，后期《中国作物及野生近缘植物·果树卷》（2006）又在其基础上增加了5个种和重瓣山楂（*Crataegus cuneata* Sieb. et Zucc f. *pleniflora* S. X. Qian）。这23个种和6个变种分别为山楂（*C. pinnatifida* Bunge）、伏山楂（*C. brettschneideri* Schneid.）、云南山楂[*C. scbrifolia*（Franch.）Rehd.]、湖北山楂（*C. hupehensis* Sarg.）、陕西山楂（*C. shensiensis* Pojark.）、楔叶山楂（*C. cuneata* Sieb. et Zucc.）、山东山楂（*C. shandongensis* F. Z. Li et W.D.Peng）、华中山楂（*C. wilsonii* Sarg.）、滇西山楂（*C. oresbia* W. W. Smith.）、橘红山楂（*C. aurantia* Pojark.）、毛山楂（*C. maximowiczii* Schneid）、辽宁山楂（*C. sanguinea* Pall.）、光叶山楂（*C. dahurica* Koehne）、中甸山楂（*C. chungtienensis* W. W. Smith.）、甘肃山楂（*C. kansuensis* Wils.）、阿尔泰山楂[*C. altaica*（Loud.）Lange]、裂叶山楂（*C. remotilobata* H. Raik.）、准噶尔山楂（*C. songarica* K. Kochne）、北票山楂（*C. beipiaogensis*）、黄果山楂（*C. wattiana* Hemsl. et Lace）、虾夷山楂（*C. jozana* Schneid）、福建山楂（*C. tang-chungchangii* Matcalf.）、绿肉山楂（*C. chlorosarca* Maxim.）；6个变种分别为：山楂种（*C. pinnatifida* Bge.）的大果山楂（*C. pinnatifida* Bunge.var. *major* N. E. Br）、无毛山楂（*C. pinnatifida* Bge. var. *psilosa* Schneid.）、热河山楂（*C. pinnatifida* Bge. var. *geholensis* Schneid），楔叶山楂（*C. cuneata* Sieb. et Zucc.）种的匍匐楔叶山楂（*C. cuneata* Sieb. et Zucc. var. *shangnanensis* L. Mao et T. C. Cui）、长梗楔叶山楂（*C. cuneata* Sieb.et Zucc. var. *longipedicellata* M. C. Wang），毛山楂（*C. maximowiczii* Schneid）种的宁安山楂（*C. maximowiczii* Schneid. var. *ninganensis* S.Q. Nie et B.J.Jen）。中国中部的湖北山楂（*C. hupehensis* Sarg.）与云南山楂[*C. scbrifolia*（Franch.）Rehd.]有较近的亲缘关系，两者可能是古山楂向亚洲、西欧和东亚向白令海峡迁移的原始种的代表。

按山楂种名中国的山楂分布区域如下：伏山楂分布于吉林和辽宁省；云南山楂分布于云南、贵州、广西和四川等省（自治区）；湖北山楂分布于湖北、湖南、安徽、山西、河北、江西、江苏、浙江、广东、云南、贵州、重庆、四川、陕西和甘肃等省（直辖市）；陕西山楂主要分布于陕西、山西、甘肃等省；山东山楂分布于山东省；华中山楂分布于湖北、安徽、江西、山西、河南、浙江、贵州、重庆、四川、陕西、甘肃和西藏等省（自治区、直辖市）；滇西山楂分布于云南、贵州、四川等省；橘红山楂分布于河北、内蒙古、山西、河南和甘肃等省（自治区）。毛山楂分布于黑龙江、吉林、内蒙古、河北、山西、湖北、四川、陕西和宁夏等省（自治区）；辽宁山楂分布于黑龙江、吉林、辽宁、内蒙古、河北、山西、河南、贵州、四川和新疆等省（自治区）；光叶山楂分布于黑龙江、吉林、内蒙古、河北和山西等省（自治区）；中甸山楂分布于云南、江西省；甘肃山楂分布于河北、北京、山西、河南、陕西、四川、甘肃、青海和宁夏等省（自治区、直辖市）；阿尔泰山楂分布于新疆维吾尔自治区和四川省；裂叶山楂分布于内蒙古、山西和新疆等省（自治区）；准噶尔山楂分布于新疆维吾尔自治区；北票山楂分布于辽宁省。

第四节
中国山楂的栽培与分布

我国的山楂栽培始于明、清至民国时期，由于人口的增长，对农业产品的需求量不断增加，水果的生产也朝着商品化的方面发展，形成了初步的栽培技术，入药、加工食品种类增多，到民国中期山楂产业已经具备雏形，逐步形成了山东、河北、辽宁、吉林、河南、山西、江苏等山楂产区，云南中部也出现了云南山楂栽培区，带动了我国山楂栽培走向繁荣发展阶段。

山楂栽培区域广，北界为黑龙江省，南界为广东省、广西壮族自治区，东至黄海、东海沿岸，西到新疆，除海南省、西藏自治区、台湾省、香港和澳门特区等外，均有山楂分布。分布区域跨越了亚热带、温带两个气候带和暖温带大陆性荒漠气候、暖温带大陆性气候、暖温带季风气候、亚热带季风气候、亚热带季风湿润气候等类型。据地方志记录，最早栽培利用山楂的省份是山东省，再由山东传播到其他地区。

我国主要栽培的山楂种有大果山楂、云南山楂、湖北山楂和伏山楂。据史料记载，大果山楂起源于我国中原的黄河流域，大果类型在我国栽培有700多年的历史，元代就在河北和山西省部分地区收山楂税的记录。山东的《临朐县志》也有山楂栽培的记录，距今有500年。大果山楂经过几百年的选育选出多个优良品种，成为多省栽培的主要品种。关于云南山楂的记载是明代的《滇南本草》距今540余年，但云南山楂早期的分布较分散，也未成规模。云南山楂选育出的品系中有16个用于山楂生产。据1990年的调查数据显示，云南山楂在云南、贵州、广西和四川四省（自治区）的栽培数量达140万株左右，产量8000t。湖北山楂分布较广，面积较小，有部分小面积的果园和农户自家采食的零星栽培，后经人工选育出了几个优良品系用于生产栽培。伏山楂源于长白山区域，果实大于野生山楂。伏山楂的栽培区域为辽宁和吉林等省。后经选育筛选出一些优良山楂类型用于生产。以上4个种的山楂资源十分丰富，目前已经超过500份以上（赵焕谆，1996）。

一　我国山楂的分布特点

1. 水平分布范围广

从地理分布看，除了海南省、西藏自治区、台湾省、香港和澳门特区外，山楂分布范围几乎涵盖了全国。但是，规模较大的集中栽培区域并不多，2015年全国山楂栽培面积约8万hm²，产量约为70万t，较苹果、柑橘、梨等水果相差甚远。近年来山楂引种栽培的地方越来越多，分布数量逐渐扩大，零星种植遍布各地。

2. 分布区域性强

山楂对温度的要求比较严格，在相同的纬度条件下不一定都适宜山楂生长，在极寒冷地区需要独特的小气候区才能生存。在广阔的范围内，地形复杂，山峦起伏，河流纵横，形成了许多区域性气候带，在同一区域内又形成了一些相互隔离的小气候类型，只有能满足山楂温度需求的区域才适宜其生长，所以形成了区域性分布特点。

3. 有明显垂直分布特点

我国山楂分布区域位于海拔高度20~3500m之间，其垂直分布介于亚热带果树（柑橘等）和温带果树（如梨等）种植区域之间。

4. 人为因素特点明显

从古到今，多以经济为目的引种栽培，种植成功者不断扩大发展，形成规模大小不等的分布群落。因此，除西藏、海南、台湾等地外都有自然分布区。

二　我国山楂的分布区

1. 东北部四省区

东北部四省区以辽宁为主，包括黑龙江省、吉林省和内蒙古自治区的东部区域。该区域1月平均气温低于5℃，年平均气温0～10℃，冬季最低气温可达−50℃，7月平均气温低于24℃。年降水量350～1000mm。无霜期120～200天。土壤类型为棕黑色砂壤土。该区域自然分布的山楂属植物有6个种和4个变种，山楂是其中的一个主要的种，树体矮小，叶片小，叶刻深，多用作砧木。主要栽培种有毛山楂、光叶山楂、伏山楂、绿肉山楂等。由于此区域平均温度较低，需要抗寒性强的品种，多采用野生山楂作为砧木进行高接，提高品种的抗寒性。该区生产的果实硬度大，易于贮藏和加工。该区域南部气候稍好，适合山楂大面积栽培。如：铁岭、抚顺、沈阳、辽阳、本溪、鞍山、丹东等地。

2. 秦岭淮河北区

秦岭淮河北区包括山东、河北、山西和甘肃、陕西、河南、辽宁等大部分地区。秦岭淮河北区是我国落叶果树的主要栽培区域，有大量的山楂园分布。该区域是大果山楂的起源地，经人类选择出现了大量的果实较大的地方品种。该区域1月平均气温−13～0℃，7月平均气温22～24℃，年平均气温10～16℃。年降水量500～700mm。秦岭淮河北区是我国山楂属资源最丰富的区域，已知的有11个种和4个变种。其中山楂和大果山楂本区域分布较多。热河山楂主要分布于辽宁南部和河北西北部；无毛山楂主要分布在河北西北部，辽宁西部，陕西北部亦有分布。该区域还有毛山楂、甘肃山楂、陕西山楂、野山楂、橘红山楂、湖北山楂、华中山楂、山东山楂、北票山楂和黄果山楂等。

3. 华东、华中区

华东、华中区包括四川、贵州、江西、安徽、江苏、浙江、福建等省。该区域夏季炎热多雨。年平均气温15～22℃，1月平均气温0℃以上，7月平均气温20℃以上。年降水量1000～1500mm。原产本区的山楂有7个种和1个变种。其中主要的种有湖北山楂、野山楂、华中山楂和甘肃山楂等。

4. 两广区

两广区包括广东省和广西壮族自治区。该区以山地和丘陵为主。夏季时间长，潮湿炎热。1月平均气温12℃以上，7月平均气温低于30℃。年平均气温21～25℃。年平均降水量1500mm以上，部分地区可达2000～2500mm。山楂分布较少，有野山楂和云南山楂。

5. 云川区

云川区包括云南和四川省的西南部。该区域年平均气温14～16℃，月平均气温在6℃以上，本区主要有3个山楂种，分别为云南山楂、滇西山楂、中甸山楂。主要栽培品种有'鸡油云楂''大帽云楂''大湾云楂''大红云楂'等。

6. 新蒙区

该区域包括新疆和内蒙古大部分地区和甘肃北部、宁夏中北部地区。该区域海拔900～2100m，1月平均气温−10～−15℃，7月平均气温20～22℃。年降水量为400～620mm。内蒙古中部，年平均气温2～5℃，全年降水量256～436mm。该区域主要栽培的种有8个，分别为山楂、光叶山楂、辽宁山楂、毛山楂、甘肃山楂。部分区域还分布有阿尔泰山楂、裂叶山楂和准噶尔山楂。

7. 青川区

青川区包括青海和四川西部地区，由于此区域海拔高度在4000m左右。该区气温较低，降水较少，生长期短。青海省中北部部分区域有甘肃山楂等的分布。

三　山楂产业的形成与发展

新中国成立后，国家十分重视果树产业，鼓励农民发展山楂生产，经过几十年的不懈努力，山楂产业逐渐形成并发展起来，为广大果农脱贫致富，繁荣市场，提高人民群众的生活质量与健康水平起到了积极作用。20世纪50年代之后，我国的山楂生产和产业形成与发展大体经历了三个时期。

第一个时期从20世纪50年代初至20世纪70年代末，为恢复生产与缓慢发展期。我国的山楂生产在20世纪30年代时已有了较好的发展，有农户栽培，有经销乃至出口，有入药制药，还有食品加工利用，有了产业的雏形。但由于日本的侵华战争，给我国的山楂生产造成了重大的损失。据《山东果树》一书记载：山东省1933年全省山楂产品已达到4.78万t，到1949年末，仅有0.63万t的产量。另据《江苏省志·园艺志》记载，江苏省宿迁县在二次世界大战前，约有成片山楂33.3～40hm²，年产约150t以上，年销量在500担以上。后因战争影响生产衰败，到1949年全县仅产山楂6t。解放初期，政府制定了一系政策与措施，保护与支持恢复发展山楂生产，通过发放贷款，规定果粮比价，加强技术指导，调动了果农的生产积极性，使山楂生产得以发展，在这一时期由于经历了20世纪60年代的自然灾害及"文化大革命"，山楂生产的发展也有损失，生产总体处于缓慢发展时期。据统计，到1975年，全国山楂栽培面积为8万hm²，产量为4.6万t。

第二个时期是从20世纪70年代后期到20世纪90年代中期为山楂生产快速发展与产业形成期。20世纪70年代，一方面由于国内外医药界研究发现山楂属植物富含多种治疗心血管等疾病疗效显著的物质，被誉为营养保健果品，受到人们的关注。另一方面，党的十一届三中全会以后，由于农村产业结构的调整，极大调动了农民的生产积极性。在我国北方地区栽植山楂就成为农民脱贫致富的首选。这期间山楂科研工作取得了显著成果，基本查清了我国山楂属植物的种类和品种资源，选育出一批优良新品种，掌握并依据山楂的生物学特性，总结出配套的栽培管理技术以及加工和综合利用技术等。推动了山楂产业的形成与发展。这一时期中各主产地达到历史最高产量的情况如下：山东省1993年为37.9万t，河北省1998年为16.7万t，辽宁省1994年为9.9万t，北京市1994年为1.2万t，江苏省1993年为4.9万t，山西省1990年为1.5万t，河南省1987年为9800t。在山楂生产快速发展过程中，各主产区通过将产前、产中、产后各环节初步整合为一个产业系统，虽然还不甚完善，各地都有大量报道与记载，本文不再赘述。

第三个时期是20世纪90年代中后期到21世纪前期，为山楂产业调整时期。在20世纪70年代后期到20世纪90年代中期，大约15年左右的快速发展过程中，山楂价格由每千克0.2元至0.4元上升到3.0元以上。由于价格因素的拉动，引发大面积栽植，逐渐形成过热的发展局面。由于当时的经济体制限制，其产业化的基础尚不稳固，不免存在许多问题而造成20世纪90年代中期之后一段时间内不仅卖果难，山楂价格也大幅度下降，有的产区每千克还不到0.5元。果农有的弃管有的砍树，使得山楂产量逐年下

滑。山东省由1993年最高产量37.9万t下降到2002的14.2万t，辽宁省由1994年的9.9万t下降到2003年5.4万t，河北省由1998年的16.7万t下降到2000年的9.6万t。由于山楂栽培面积的大量减少，产品严重下滑，自20世纪90年代中后期全国的山楂生产转入到产业调整期。各主产区对于山楂生产遭受损失的原因进行了深入的反思，综合起来有下述问题：一是受当时经济条件的制约，山楂产量急剧上升，但消费水平没有同步增长，供给大于需求。二是在过快发展中没有不结合当地资源条件盲目扩大面积，不注意选择优良品种，重栽轻管，果品质量不高，不能满足加工利用的要求。三是当时缺少大型果品加工龙头企业，山楂加工能力和综合利用能力滞后，不能大量消耗原料，造成果农的山楂果实积压，卖难。四是一些乡镇的小型加工企业技术落后，加工品质量不过关，市场上还有充斥假冒伪劣产品。五是20世纪80年代中后期食糖价格大幅度上涨，造成山楂加工制品成本上升，一些加工企业停工停产。六是当时苹果，柑橘等其他果品发展，鲜食及加工产品大量上市，影响了山楂市场。七是当时受传统观念的制约和影响，生产者的市场意识不强，缺乏信息观念，不能抵御产品生产销售、加工利用等方面存在的风险。

到21世纪以来，我国的经济实力日益增强，工业化水平和科学技术水平不断提高，已经具备了重振山楂产业的条件。各主产区针对过去山楂生产存在的问题，制定了新的发展规划，采取了一系列的调整措施，使山楂产业进入了一个新的时期。截止到2011年统计，全国山楂产量约为58万t。

四 我国山楂的栽培优势分布区

我国山楂栽培历史悠久，栽培面积大，产量较高的有山东、河北、河南、山西、辽宁等地。根据栽培分布和相关的山楂研究记录，将我国山楂的栽培优势区分为辽宁优势区、河北优势区、山东优势区、山西优势区、河南优势区5个优势栽培区。

1. 辽宁优势区

辽宁省是我国东北地区的主要产区，属温带大陆性季风气候区，年平均气温在5～10℃之间，1月平均气温为-15～-5℃，7月平均气温在24℃左右。

无霜期120～200天。该区域年产量达9万余t。其中80%分布于铁岭、抚顺、沈阳、辽阳、本溪、鞍山、丹东等地。主栽品种有'辽红''西丰红''秋金星''磨盘山楂'等。

2. 河北优势区

河北省为温带半干旱大陆性气候，雨热同季，适宜果树生长，年平均气温在6～11.7℃之间，1月平均气温-16～-3℃，7月平均气温20～27℃。无霜期135～220天。河北省年山楂产量为29万t左右。主栽品种有'燕瓢红''滦红''昌黎紫肉''兴隆紫肉''雾灵红''寒露红''金星''京短1号'等。

3. 山东优势区

山东省为暖温带季风气候，年平均气温为11.4～14.7℃，1月平均气温-4～-1℃，7月平均气温为24～28℃。无霜期180～220天。山东省平均山楂年产量在20万t左右，其中潍坊、莱芜、济南、泰安、临沂等市的总产量达全省产量的80%。主栽品种有'大金星''敞口''大绵球''歪把红''五棱红'。

4. 山西优势区

山西省优势区位于山西省东南部，属温带大陆性季风气候，年平均气温-2～16℃，1月平均气温-2℃，7月平均气温为26℃。无霜期190～250天。山西优势区年产量6万t左右，仅山西东南地区的果实产量达全省产量的40%左右，该区包括泽州、安泽、古县、绛县、闻喜、垣曲等县。主栽品种有'泽州红''艳果红''绛山红'等。

5. 河南优势区

河南省优势区分布于河南省北部，该区域属于温带季风气候，年平均气温12～16℃，1月平均气温为-3～3℃，7月平均气温26～28℃。无霜期190～250天。该区包括林州、新乡、辉县、焦作、济源等市，主栽品种有'豫北红'等。

第五节
山楂地方品种资源遗传多样性分析和核心种质构建

一 山楂地方品种资源遗传多样性分析

山楂资源的遗传多样性代表着山楂基因的多样性，分子标记技术是分析种质资源遗传多样性的有效工具，根据杂合度和多态位点比例，可以衡量群体内的遗传多样性及确定种间的亲缘关系，从而探讨其适应性和生存力，也可以确定亲本之间的遗传差异，从而减少育种工作中亲本选配的盲目性，提高育种效率（代红艳，2007）。再者，还可以有效地确定核心种质，为种质资源的保存和利用提供重要参考（刘勇等，2006）。

1. 分子标记技术的种类及优点

分子标记技术是在形态标记、细胞标记和生化标记后出现的一种新技术手段，以DNA多态性为基础，与上述其他标记手段相比，它具有很好的优越性。

分子标记技术主要有以下几个优点：①直接以DNA的形式表现，不受季节和环境的影响，在生物体的各个组织和发育阶段都可以检测到；②数量极其丰富，遍布于整个基因组；③多态性高，自然界中存在大量的变异；④表现为中性，不会影响到目标性状的表达；⑤有些标记表现为共显性，能区分出纯合体与杂合体。在果树的育种工作中，分子标记可用于研究果树种质资源的亲缘关系鉴定、遗传多样性分析和分子标记辅助育种等。目前常用的分子标记有RFLP、RAPD、AFLP、SSR等。其中，SSR也称为微卫星（Microsatellite），是一类以1~6个碱基为重复单位串联组成的重复序列。SSR标记基于重复单位的次数不同或者重复程度不完全相同，造成了SSR长度的高度变异性，从而产生SSR标记。其优点如下：①数量丰富，覆盖整个基因组，信息含量高；②具有多等位基因的特性，多态性高；③共显性表达，呈现孟德尔遗传；④试验所需要的DNA量较少；⑤位点的重现性和特异性好；⑥成本低廉，稳定性好，可用于大量群体分类。而其最主要的缺点是需要预先知道标记两端的序列信息。SSR标记由于具有以上几种优点已广泛应用于植物遗传研究和育种实践中。

2. SSR分子标记与遗传多样性分析

基于已发表的NCBI'公共数据库'中山楂属的EST（Expressed Sequence Tag，表达序列标签）开发的SSR（Simple Sequence Repeat，简单重复序列）分子标记，对包含地方品种在内的59份山楂资源（表1）进行遗传多样性分析。采用的SSR标记信息见表2。

基于SSR标记的59份山楂地方资源品种遗传多样性分析（图73）。分析结果表明，所用标记可以有效地将59份山楂资源区分开，可以分为6个亚群，分别记作Q1，Q2，Q3，Q4，Q5和Q6。其中，Q1包含9个品种，Q2包含2个品种，Q3包含2个品种，Q4包含13个品种，Q5包含24个品种，Q6包含9个品种。表明这些材料之间存在着显著的遗传差异。另外，各材料间的遗传距离值低于0.2，这与标记数目较少、覆盖精度不够有关。想要深入研究山楂地方品种资源遗传变异，揭示更多的遗传信息就需要开发高通量的分子标记。总之，地方品种资源材料是对现有山楂资源品种的有效补充。本研究首次采用分子标记技术对山楂地方品种资源进行了遗传多样性分析，该研究表明山楂地方品种资源有较高的利用价值，有可能成为山楂新品种选育及遗传研究的可利用资源，并为山楂地方品种资源的核心种质构建提供技术支持。

表1 59份山楂资源品种汇总

品种编号	品种名称	品种编号	品种名称
H01	磨盘山楂	H31	平邑甜红籽
H02	赣榆2号山楂	H32	思山岭山楂
H03	晋县小野山楂	H33	秋金星山楂
H04	建昌山楂	H34	辉县大红孔杞山楂
H05	晚山里红	H35	蟹子石3号山楂
H06	平邑山楂	H36	本溪4号山楂
H07	挂峪1号山楂	H37	白里山楂
H08	罗家沟山楂	H38	本溪7号山楂
H09	大王庙山楂	H39	大面山里红
H10	沈2-4山楂	H40	晋县小野山楂
H11	面山里红	H41	冯水山楂
H12	红果025	H42	紫面山里红
H13	大金星	H43	盖都特大黄面山楂
H14	毛山楂	H44	劈破石山楂
H15	辽宁山楂	H45	秋金星山楂
H16	秋金星山楂	H46	新宾软籽山楂
H17	82015山楂	H47	马刚早红山楂
H18	牛心山楂	H48	鸡冠山楂
H19	小山山楂	H49	红肉山楂
H20	马家粉肉山楂	H50	鸡冠山楂
H21	山里红	H51	磨盘山楂
H22	秋金星山楂	H52	辽宁10号山楂
H23	马家大队山楂	H53	垂枝山里红山楂
H24	短枝山里红	H54	紫丰山楂
H25	章武山里红	H55	大王庙山楂
H26	秋山里红山楂	H56	金房屯山楂2号
H27	丹汾山楂2号	H57	溪红山楂
H28	双红山楂	H58	丰产大金星
H29	辽宁大果	H59	伏里红山楂
H30	秋丽山楂		

表2 山楂地方品种遗传多样性分性SSR引物

引物名称	引物序列（5'→3'）	引物名称	引物序列（5'→3'）
CrAT01	F:CAAAACCACCCTCATCCTCGAA	CrAT06	F:CGTGGCATGCCTATCATTTC
	R:CCCCAAGCAGACCTGAAGAAA		R:CTGTTTGAACCGCTTCCTTC
CrAT02	F:AACACGCCATCACACATC	CrAT07	F:CCCTCCAAAATATCTCCTCCTC
	R:CTGTTTGCTAGAAGAGAAGTC		R:CGTTGTCCTGCTCATCATACTC
CrAT03	F:TGCCTCCCTTATATAGCTAC	CrAT08	F:TACCTGAAAGAGGAAGCCCT
	R:TGAGGACGGTGAGATTTG		R:TCATTCCTTCTCACATCCACT
CrAT04	F:CAAGGAAATCATCAAAGATTCAAG	CrAT09	F:CACAACCTGATATCCGGGAC
	R:CAAGTGGCTTCGGATAGTTG		R:GAGAAGGTCGTACATTCCTCAA
CrAT05	F:TTTTACCTTTTTACGTACTTGAGCG	CrAT10	F:ACACGCACAGAGACAGAGaCAT
	R:AGGCAAAACTCTGCAAGTCC		R:GTTGAATAGCATCCCAAATGGT

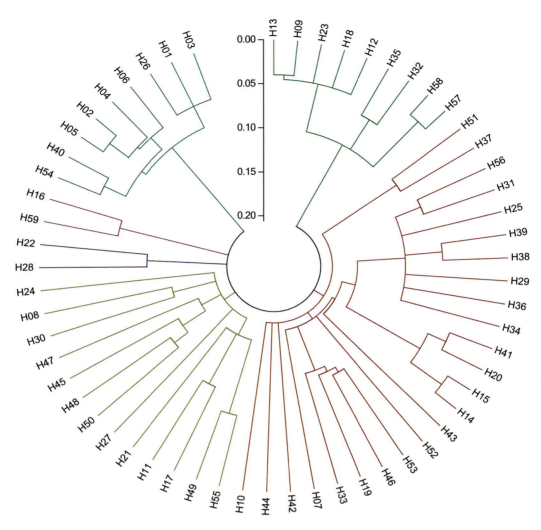

图73 59份山楂资源遗传多样性分析

二 山楂地方品种核心种质构建设想

采用优先取样法，构建山楂地方品种的核心种质。具体选择方法是选择收集的全部地方山楂品种资源，采用SSR分子标记技术对山楂地方品种资源进行聚类分析，结合山楂地方品种的表型特征，在遗传距离较近的资源材料中，以果实品质等优良性状为选择参考资料。依据这样的方法，排除亲缘关系最近的地方品种，建立山楂地方品种的初级核心种质，为山楂地方品种资源的收集提供有利的分子水平的参考。

核心种质资源的研究已经应用于小麦（郝晨阳等，2008）、水稻（李晓玲等，2007）、豌豆（宗绪晓等，2008）、大白菜（李丽等，2009）、胡萝卜（庄飞云等，2006）、油菜（何余堂等，2002）、茶树（李娟等，2004）、蜡梅（赵冰等，2007）、梅花（明军等，2005）、楸树（方乐成等，2017）、木荷（杨汉波等，2017）等领域，然而山楂地方品种资源的核心种质的还未见报道。为了达到以最少的资源来保存种质资源的目的，建立山楂地方品种的核心种质是十分必要的。

三 山楂地方品种分子身份证构建设想

1. 分子身份证构建的重要性

分子身份证是基于DNA水平的区分作物品种的有效凭证，其是在得到DNA指纹图谱的基础上，通过运用不同的编码方式对指纹图谱进行数字化处理后得到字符串形式的结果（徐雷锋等，2014）。分子身份证已经在水稻（Ohtsubo, et al. 2007；颜静宛等，2011）、大豆（高运来等，2009）、甘蔗（Pan，2010；刘新龙等，2010）和萝卜（邱杨等，2014）等作物上开展了分子身份证构建研究，甜樱桃（艾呈祥等，2007）、葡萄（杜晶晶等，2013）和梨（张靖国等，2014）等果树作物中广泛应用，成为鉴定品种之间差异的有效证据，也解决了我国植物资源中存在的同名异物和同物异名的问题，但是目前针对山楂地方品种的分子身份证相关的研究尚未见报道，因此，加快我国山楂地方品种的分子身份证的构建，通过少量的引物快速识别山楂地方品种区同名异物和同物异名的山楂地方品种，已经成为未来收集果树地方品种资源的必备条件。

另外，世界山楂资源丰富、复杂多样，关于山楂的起源问题世界各国意见不同，我国最早的山楂种云南山楂作为一个古老的山楂种，与墨西哥山楂被认为是山楂的原始种，但有学者则认为北美洲为山楂的起源中心。因此，加快山楂资源的分子身份证的构建，能够加快我国山楂资源的知识产权的保护、保存和育种应用，为进一步研究山楂的起源储备充足的材料。下一步的设想是以所收集山楂地方品种资源为试材，利用TP-M13-SRR（simple sequence repeat with tailed primer M13）技术对山查地方品种进行特异性扩增，构建山楂地方品种的分子身份证（李会勇等，2005）。

2. 分子身份证构建方法

分子身份证技术是在原有的分子标记技术基础上结合荧光测序技术，进行特异位点的识别，得出DNA指纹图谱，并通过运用不同的编码方式对指纹图谱进行数字化处理后得到字符串形式的结果（徐雷锋等，2014），具有重复性高，更加准确的优点（高源等，2016）。

首先要从收集的山楂地方品种叶片中提取基因组DNA。依据扩增产物在毛细管电泳中的可读性、多态性，最终筛选出多态性较高、扩增稳定的SSR标记对山楂地方品种进行荧光标记分析，设想的TP-M13-SSR引物如表3。将扩增产物经毛细管电泳检测，检测出不同大小的等位基因进行编码，按扩增片段（等位基因）从小到大用阿拉伯数字 1、2、3、4……9 标注，9 个以上的等位基因，以大写英文字母 A、B、C……Z 标注。读取山楂地方品种的10对SSR引物荧光标记的指纹数据，并对指纹数据进行数字化编码，最终形成山楂地方品种的分子身份证。

表3 设想的山楂TP-M13-SSR引物

引物名称	引物序列（5'→3'）	引物名称	引物序列（5'→3'）
CrAT01	F:CACGACGTTGTAAAACGACCAAAACCACCCTCATCCTCGAA	CrAT06	F:CACGACGTTGTAAAACGACCGTGGCATGCCTATCATTTG
	R:CCCCAAGCAGACCTGAAGAAA		R:CTGTTTGAACCGCTTCCTTC
CrAT02	F:CACGACGTTGTAAAACGACAACACGCCATCACACATC	CrAT07	F:CACGACGTTGTAAAACGACCCCTCCAAAATATCTCCTCCTC
	R:CTGTTTGCTAGAAGAGAAGTC		R:CGTTGTCCTGCTCATCATACTC
CrAT03	F:CACGACGTTGTAAAACGACTGCCTCCCTTATATAGCTAC	CrAT08	F:CACGACGTTGTAAAACGACTACCTGAAAGAGGAAGCCCT
	R:TGAGGACGGTGAGATTTG		R:TCATTCCTTCTCACATCCACT
CrAT04	F:CACGACGTTGTAAAACGACCAAGGAAATCATCAAAGATTCAAG	CrAT09	F:CACGACGTTGTAAAACGACCACAACCTGATATCCGGCAC
	R:CAAGTGGCTTCGGATAGTTG		R:GAGAAGGTCGTACATTCCTCAA
CrAT05	F:CACGACGTTGTAAAACGACTTTTACCTTTTTACGTACTTGAGCG	CrAT10	F:CACGACGTTGTAAAACGACACACGCACAGAGACAGAGACAT
	R:AGGCAAAACTCTGCAAGTCC		R:GTTGAATAGCATCCCAAATGGT

各论

中国山楂地方品种图志

宁阳山楂

Crataegus pinnatifida Bunge
'Ningyangshanzha'

调查编号: YINYLYZH078

所属树种: 山楂 *Crataegus pinnatifida* Bunge

提 供 人: 马安友
电　　话: 13853846588
住　　址: 山东省泰安市宁阳县乡饮乡马家庙村

调 查 人: 苑兆和、尹燕雷
电　　话: 0538－8334070
单　　位: 山东省果树研究所

调查地点: 山东省泰安市宁阳县葛石镇黄家峪村

地理数据: GPS数据（海拔：123.1m，经度：E116°59'22.22"，纬度：N35°4744.29"）

样本类型: 枝条、花、叶片、果实

生境信息

来源于当地，生于人工林的坡地，受耕作的影响土壤质地为砂土，现存100株，种植年限15～16年。

植物学信息

1. 植株情况

树高3.8m，冠幅东西7.5m、南北6.7m，干高60～70cm，干周96cm，树势强，树姿开张，半圆头形树形。主干灰色，树皮块状裂，枝条密集。

2. 植物学特征

1年生枝条挺直、短、褐色，节间平均长1.5～2.5cm，多年生枝条为灰褐色。叶芽卵圆形、茸毛少、离生。花芽肥大，球形、鳞片紧、茸毛多。叶片大，长5～6cm，宽6～7cm；叶片掌状3～7裂，叶尖渐尖，叶片浓绿色；叶面粗糙；叶边锯齿粗大且锐利、整齐、单生；齿上有针刺；叶缘波状；与枝条成锐角；叶柄平均长3～6cm。伞状花序，每花序20～30朵花，花瓣5枚，白色、圆形，花冠大小适中，花蕾微绿色，花梗平均长1.6cm、绿色。先展叶后开花。

3. 果实性状

果实大小整齐，圆形，果实纵径1.5～2cm、横径2.4cm，最大果重18g，平均重17.2g。果实底色红色，果面粗糙、果粉少、有光泽、有棱起、无锈斑、蜡质多。果点多、大且凸起，果梗短粗，上下粗细均匀，梗洼浅、窄，萼片宿存，三角形。果肉黄白色，致密且硬，汁液少，极酸，味浓郁，微香，品质中等。果心位于中部，正方形，萼筒壶形，小，与心室连通，心室卵形。种子数5粒，饱满。可溶性糖含量10.1%，酸含量3.65%。最佳食用期10月上中旬至12月上中旬，能贮至1月中旬，共可贮90天。

4. 生物学习性

萌芽力强，发枝力强，生长势强，全树坐果，坐果力强，丰产。1年生枝条平均长度25cm左右，中心干生长弱，骨干枝分枝角度50°，徒长枝数目少。3月下旬萌芽，5月中上旬开花，10月上旬果实成熟，10月下旬落叶；定植后3年见果，长果枝比例为10%，中果枝比例为25%，短果枝比例为65%；连续结果能力强，成熟期一致，落果轻微，一季结果，丰产，大小年不显著。

品种评价

高产，抗病，耐贫瘠，果实可食用；无病虫危害；对寒、旱、涝、瘠、盐、风、日灼等恶劣环境有较强抵抗能力。

植株

枝条

叶片

花

果实

白马石丰产山楂

Crataegus pinnatifida Bunge
'Baimashifengchanshanzha'

调查编号： YINYLYZH079

所属树种： 山楂 *Crataegus pinnatifida* Bunge

提供人： 史凡
电话： 0538－8513512
住址： 山东省泰安市泰安区白马石村

调查人： 苑兆和、尹燕雷
电话： 0538－8334070
单位： 山东省果树研究所

调查地点： 山东省泰安市泰安区白马石村

地理数据： GPS数据（海拔：153.6m，经度：E117°09'20"，纬度：N36°13'21"）

样本类型： 枝条、花、叶片、果实

生境信息

来源于当地，生于人工林的坡地，受耕作的影响土壤质地为砂土，现存100株，种植年限15～16年。

植物学信息

1. 植株情况

树高3.2m，冠幅东西4.6m、南北5.4m，干高58cm，干周52cm，树势中，树姿开张，树形开心形。主干灰色，树皮块状裂，枝条密集。

2. 植物学特性

1年生枝条挺直、短，褐色，节间平均长1.4～2.2cm，多年生枝条灰褐色。叶芽卵圆形、茸毛少、离生。花芽肥大、球形、鳞片紧、茸毛多。叶片大，长约5.5cm、宽约6.7cm；叶片掌状5～7裂，叶尖渐尖；叶片浓绿色；叶面粗糙；叶边锯齿粗大且锐利；齿上有针刺；叶缘波状；叶与枝条成锐角；叶柄平均长约4.5cm。伞状花序，每花序20～30朵花，花瓣5枚，白色、圆形，花冠中等，花蕾微绿色，花梗平均长1.6cm、绿色。先展叶后开花。

3. 果实性状

果实大小整齐，圆形，果实纵径约1.8cm、横径约2.3cm，最大果重20.0g，平均重16.8g。果实底色红色，果面粗糙、果粉少、有光泽、无棱起、无锈斑，蜡质多。果点多、大且凸起，果梗中等粗度，上下粗细均匀，梗洼浅、窄，萼片宿存，三角形。果肉黄白色，致密且硬，汁液少，风味酸，味浓郁，微香，品质中等。果心位于中部，正方形，萼筒壶形、小，与心室连通，心室卵形。种子数5粒，饱满。可溶性糖含量9.5%，酸含量4.05%。最佳食用期10月上中旬至12月上中旬，能贮至1月中旬，共可贮90天。

4. 生物学特性

生长势中等，萌芽力强，发枝力较强，1年生枝条平均长度25cm左右，中心主干生长弱，骨干枝分枝角度50，徒长枝数目少，3月下旬萌芽，5月中上旬开花。10月上旬果实成熟，10月下旬落叶；定植后3年见果，第6年左右进入盛果期，长果枝比例为15%，中果枝比例为25%，短果枝比例为60%；连续结果能力强，成熟期落果轻微，一季结果，丰产，大小年不显著。

品种评价

高产，抗病，耐贫瘠，果实可食用；与梨树同栽易感染梨锈病；对寒、旱、涝、瘠、盐、风、日灼等恶劣环境有较强抵抗能力。

植株

叶片

果实

花

果实

小金星

Crataegus pinnatifida Bunge 'Xiaojinxing'

调查编号：YINYLYZH080

所属树种：山楂 *Crataegus pinnatifida* Bunge

提 供 人：刘顺休
电　　话：0538－8387040
住　　址：山东省泰安市岱岳区道郎镇高家庄村

调 查 人：苑兆和、尹燕雷
电　　话：0538－8334070
单　　位：山东省果树研究所

调查地点：山东省泰安市岱岳区道郎镇高家庄村

地理数据：GPS数据（海拔：155.1m，经度：E116°52'27"，纬度：N36°10'13"）

样本类型：枝条、花、叶片、果实

生境信息

来源于当地，生于人工林的坡地，受耕作的影响，土壤质地为砂土，种植面积6.67hm²，种植年限30年。

植物学信息

1. 植株情况

树高2.5m，冠幅东西6.5m、南北5.7m，干高40～50cm，干周75cm，树势强，树姿开张。主干灰色，树皮块状裂，枝条密集。

2. 植物学特性

1年生枝条挺直、粗，褐色，节间平均长1.6～2.4cm，皮孔白色、椭圆形；多年生枝条灰褐色。叶芽卵圆形，茸毛少，离生。花芽肥大、球形、鳞片紧、茸毛多。叶片中等大小，长4.5～6cm，宽5～6.5cm；叶片近圆形，叶尖渐尖；叶片浓绿色；叶面粗糙；叶边锯齿粗大且锐利、整齐、单生；有齿上针刺；叶缘波状；叶与枝条成锐角；叶柄平均长3～6cm。伞状花序，每花序10～30朵花，花瓣5枚，白色、圆形，花冠大小适中，花蕾微绿色，花梗平均长1.6cm、绿色。先展叶后开花。

3. 果实经济性状

果实大小整齐，圆形，果实纵径1.4～2cm、横径2.2cm，最大果重18.0g，平均重16.7g。果实底色红色，果面粗糙、果粉少、有光泽、有棱起、无锈斑、蜡质多。果点多、大且凸起，果梗短粗，上下粗细均匀，梗洼浅、窄，萼片宿存，三角形。果肉白色，致密且硬，汁液少，极酸，味浓郁，微香，品质中等。果心位于中部，正方形，萼筒壶形，小，与心室连通，心室卵形，种子数5粒，饱满。可溶性糖含量11.0%，酸含量3.55%。最佳食用期10月上中旬至12月上中旬，能贮至1月中旬，共可贮90天。

4. 生物学特性

萌芽力强，发枝力强，生长势强，全树坐果，坐果力强、丰产。1年生枝条平均长25cm，中心干生长弱，骨干枝分枝角度50°，徒长枝数目少。3月下旬萌芽，4月中下旬开花，9月下旬果实成熟，10月下旬落叶；开始结果年龄为3年，第10年进入盛果期，长果枝比例为15%，中果枝比例为30%，短果枝比例为55%；连续结果能力强，成熟期一致，落果轻微，一季结果，丰产，大小年不显著，单株平均产量（盛果期）达120kg。

品种评价

高产，抗病，耐贫瘠，果实可食用；无病虫危害；对寒、旱、涝、瘠、盐、风、日灼等恶劣环境有较强抵抗能力。

生境

植株

叶片

花

果实

独路村山楂

Crataegus pinnatifida Bunge
'Dulucunshanzha'

🔴 调查编号：YINYLYZH008

🔴 所属树种：山楂 *Crataegus pinnatifida* Bunge

🔴 提 供 人：朱峰
　电　话：18663419540
　住　址：山东省莱芜市莱城区林业局

🔴 调 查 人：苑兆和、尹燕雷
　电　话：0538－8334070
　单　位：山东省果树研究所

🔴 调查地点：山东省莱芜市莱城区大王
　庄镇独路村

🔴 地理数据：GPS数据（海拔：623m，
　经度：E117°23'36"，纬度：N36°25'43"）

🔴 样本类型：枝条、花、叶片、果实

🔴 生境信息

来源于当地，生于人工林的坡地，受耕作的影响，土壤质地为砂壤土，现存10株，种植年限50年。

🔴 植物学信息

1. 植株情况

树高4.6m，冠幅东西6.5m、南北5.9m，干高60～80cm，干周87cm，树势强，树姿开张，树形为开心形。主干灰色，树皮块状裂，枝条密集。

2. 植物学特性

1年生枝条挺直、粗，褐色，节间平均长2.2cm，皮孔白色、椭圆形；多年生枝条灰褐色。叶芽卵圆形、茸毛少、离生。花芽肥大、球形、鳞片紧、茸毛多。叶片大，长9.1cm、宽7.7cm；叶缘近圆形，叶尖短突尖，叶片浓绿色；叶面粗糙；叶缘锯齿粗大且锐利、整齐、单生；有齿上针刺；叶缘波状；叶与枝条所成锐角；叶柄平均长3～6cm。伞状花序，每花序18朵花，花瓣5枚、白色、圆形，雄蕊18～20个，雌蕊4～5个，花冠较小，花冠冠径2.0cm，花蕾微绿色，花梗平均长2.5cm，绿色。先展叶后开花。

3. 果实经济性状

果实大小整齐、圆形，果实纵径2.0cm、横径2.4cm，最大果重13.0g，平均重6.0g。果面粗糙、果粉少、有光泽、有棱起、无锈斑，蜡质多。果点多、大且凸起，果梗短粗，上下粗细均匀，梗洼浅、窄，萼片浅紫，闭合或开张，三角形。果肉白色，致密且硬，汁液少，极酸，味浓郁，微香，品质下等。果心位于中部，正方形，萼筒壶形，小，与心室连通，心室卵形。种子数5粒，饱满。可溶性糖含量10.14%，酸含量2.78%。最佳食用期10月上中旬至2月上中旬，耐储藏性中等，共可贮125天。

4. 生物学特性

萌芽力强，发枝力强，生长势强，全树坐果，坐果力强弱，丰产。1年生枝条平均长18cm，中心主干生长弱，骨干枝分枝角度50°，徒长枝数目少，4月中旬萌芽，5月中旬开花，9月下旬果实成熟，10月中旬落叶；定植后3年见果，第10年进入盛果期，长果枝比例为20%，中果枝比例为35%，短果枝比例为45%；连续结果能力强，全树成熟期一致，落果轻微，一季结果，丰产，大小年不显著，单株平均产量（盛果期）达57kg。

🔴 品种评价

高产，抗病，耐贫瘠，果实可食用；对寒、旱、涝、瘠、盐、风、日灼等恶劣环境有较强抵抗能力。

生境

植株

叶片

花

泽州红

Crataegus pinnatifida Bunge 'Zezhouhong'

调查编号：　CAOQFYMX182

所属树种：　山楂 *Crataegus pinnatifida* Bunge

提 供 人：　李维民
电　　话：　15034556814
住　　址：　山西省运城市万荣县贾村乡吴薛村

调 查 人：　杨明霞
电　　话：　13935491915
单　　位：　山西省农业科学院果树研究所

调查地点：　山西省晋城市泽州县二仙掌村龙王山

地理数据：　GPS数据（海拔：901~969m，经度：E112°49'21"~112°49'54"，纬度：N35°33'59"~35°34'07"）

样本类型：　叶片、花、枝条、果实

生境信息

来源于当地，生长于人工小梯田或缓坡的灌木丛中，小梯田中的山楂古树多为3~5株小群落状态，有杂草生长，无其他高大树木生长。生长在缓坡上的山楂古树，周围有柠条或刺玫灌木。现存1000多株，种植年限100年以上。

植物学信息

1. 植株情况

平均树高5.5m以上，平均干高100cm以上，平均胸径30cm以上，树势强，树姿开张，树形自然圆头形。主干灰色，树皮块状裂，枝条密集。

2. 植物学特征

2年生枝条灰白色，无针刺；皮孔长圆形或椭圆形，灰白色；叶片很大，三角状卵圆形，长9.8cm、宽10cm；5~7羽状中裂，叶背脉腋有鬃毛，叶基截形，叶尖渐尖。伞状花序，花冠中大，冠径25mm；雌蕊4~5个，雄蕊20个，花药紫红。花序花数中等，22朵；花序坐果数中等，6.5；种核4~5个，种仁率低，10%~20%。

3. 果实性状

果实中大，近圆形，纵径2.6cm、横径2.9cm；平均单果重8.7g，最大单果重13.5g；果皮阳面朱红色，阴面大红色；果点中大，黄褐色，稍突起；果面光洁，敷蜡质及果粉；梗洼隆起，果肩部半球状，萼片半开张或开张反卷，果肉粉白色，近核及近果皮部分粉红色，酸甜清香，肉细致密；可食率高，83.7%；较耐储藏，储藏期达100天左右。可食部分含可溶性糖极高，10.15g/100g；可滴定酸极高，4.13g/100g；总黄酮0.44g/100g；维生素C极高，91.36mg/100g。

4. 生物学习性

树势中庸；萌芽率中等，约50%；成枝力中等，可发长枝3~4个；果枝连续结果能力较强；定植树3~4年开始结果；30年生树株产100~150kg；最高株产750kg。在晋东南地区，3月下旬萌芽，5月中旬始花，10月上旬果实成熟，11月上旬落叶。营养生长期很长，210天；果实发育期长，145天。

品种评价

丰产，稳产，抗病，耐贫瘠，果实品质上等；无病虫危害；抗逆性强，耐寒、旱、涝、日灼等。

植株

花

果实

叶片

叶片

艳果红

Crataegus pinnatifida Bunge 'Yanguohong'

調查編號： CAOQFYMX183

所属树种： 山楂 *Crataegus pinnatifida* Bunge

提 供 人： 李维民
电　　话： 15034556814
住　　址： 山西省运城市万荣县贾村乡吴薛村

调 查 人： 杨明霞
电　　话： 13935491915
单　　位： 山西省农业科学院果树研究所

调查地点： 山西省晋城市泽州县二仙掌村龙王山

地理数据： GPS数据（海拔：901~969m，经度：E112°49'21"~112°49'54"，纬度：N35°33'59"~35°34'07"）

样本类型： 枝条、花、叶片、果实

生境信息

来源于当地，受耕作的影响土壤质地为砂土，现存1株，种植年限19年。

植物学信息

1. 植株情况

树高3.8m，冠幅东西6.3m、南北6.2m，干高15cm，干周63cm，树势强，树姿开张。主干灰色，树皮块状裂，枝条密集。

2. 植物学特征

1年生枝条挺直、短、褐色，节间平均长1.6~2.2cm，多年生枝条灰褐色。叶芽卵圆形、茸毛少、离生。叶片大，长8~9cm，宽6~7cm；叶片近圆形，叶尖渐尖；叶片浓绿色；叶面粗糙；叶缘锯齿粗大且锐利、整齐、单生；有齿上针刺；叶缘波状，叶与枝条成锐角；平均叶柄长3~5cm。伞状花序，每花序20~30朵花，每朵花5片花瓣，花冠大小适中，花瓣白色、圆形，花蕾微绿色，花梗平均长1.6cm、绿色。先展叶后开花。

3. 果实性状

果实大小整齐、圆形，纵径2.1~2.3cm、横径2.4cm，最大果重21.0g，平均重19.8g。果面光滑、果粉少、有光泽、有棱起、无锈斑、蜡质多。果点多、大且凸起，果梗短粗，上下粗细均匀，梗洼浅、窄，萼片宿存，三角形。果肉黄白色，致密，汁液少，味浓郁，微香，品质中等。果心位于中部，正方形，萼筒壶形，小，心室卵形。种子数5粒，饱满。可溶性糖含量10.5%，酸含量3.65%。最佳食用期10月上中旬，能贮至1月中旬。

4. 生物学习性

萌芽力强，发枝力强，生长势中等，1年生枝条平均长25cm，中心干长势弱，骨干枝分枝角度50°，徒长枝数目少。3月下旬萌芽，4月中下旬开花，9月下旬果实成熟，10月下旬落叶；定植后3年见果，10年左右进入盛果期，长果枝比例为12%，中果枝比例为28%，短果枝比例为60%；坐果力强，连续结果能力强，成熟期一致，落果轻微，丰产，大小年不显著，单株平均产量（盛果期）达105kg。

品种评价

高产，抗病，耐贫瘠，果实可食用；病虫危害较轻；对寒、旱、涝、瘠、盐、风、日灼等恶劣环境有较强抵抗能力。

植株

叶片

果实

安泽红

Crataegus pinnatifida Bunge 'Anzehong'

调查编号：CAOQFMYP037

所属树种：山楂 *Crataegus pinnatifida* Bunge

提 供 人：翟崔红
电　　话：13835653096
住　　址：山西省晋城市沁水县农业局果树站

调 查 人：孟玉平
电　　话：13643696321
单　　位：山西省农业科学院生物技术研究中心

调查地点：山西省晋城市沁水县胡底乡蒲池村

地理数据：GPS数据（海拔：695m，经度：E112°407.65"，纬度：N35°4249.51"）

样本类型：植株、果实、叶片、茎

生境信息

来源于当地，生于沟谷，受耕作的影响土壤质地为黏土。

植物学信息

1. 植株情况

树高12m，冠幅东西7m、南北7m，干周100cm，树势强，树姿开张，半圆头形树形。主干灰色，树皮块状裂，枝条密集。

2. 植物学特征

1年生枝条挺直、短，褐色，节间平均长1.5～2.5cm，多年生枝条灰褐色。叶芽卵圆形、茸毛少、离生。叶片大，长5～6cm，宽6～7cm；叶片近圆形，叶尖渐尖；叶片浓绿色；叶面粗糙；叶边锯齿粗大且锐利、整齐、单生；有齿上针刺；叶缘波状，叶与枝条成锐角；平均叶柄长4～5cm。伞状花序，每花序20～30朵花，每朵花5片花瓣，花冠大小适中，花瓣白色、圆形，花蕾微绿色，花梗平均长1.4cm、绿色，先展叶后开花。

3. 果实经济性状

果实大小整齐、圆形，纵径1.6～2.1cm、横径2.5cm，最大果重19g，平均重16.5g。果面粗糙、果粉少、有光泽、有棱起、无锈斑、蜡质多。果点多、大且凸起，果梗短粗，上下粗细均匀，梗洼浅、窄，萼片宿存，三角形。果肉致密，汁液少，极酸，味浓郁。果心位于中部，正方形，萼筒壶形、小，与心室连通，心室卵形。种子数5粒，饱满。可溶性糖含量9%，酸含量3.65%。

4. 生物学特性

萌芽力强，发枝力强，生长势强，全树坐果，坐果力强，丰产。生长势中等，1年生枝条平均长23cm，中心干长势弱，骨干枝分枝角度47°，徒长枝数目少，萌芽力弱，发枝力弱。3月下旬萌芽，4月中下旬开花，9月下旬果实成熟，10月下旬落叶；定植后3年见果，10年左右进入盛果期，长果枝比例为12%，中果枝比例为23%，短果枝比例为65%；连续结果能力强，成熟期一致，落果轻微，丰产，大小年不显著，单株平均产量（盛果期）达107kg。

品种评价

高产，抗病，耐贫瘠，果实可食用；抗病虫危害较弱；对寒、旱、涝、瘠、盐、风、日灼等恶劣环境有较强抵抗能力。

植株

叶片

果实

茎

泽州红肉

Crataegus pinnatifida Bunge
'Zezhouhongrou'

调查编号：CAOQFYMX184

所属树种：山楂 *Crataegus pinnatifida* Bunge

提 供 人：李维民
电　　话：15034556814
住　　址：山西省运城市万荣县贾村乡吴薛村

调 查 人：杨明霞
电　　话：13935491915
单　　位：山西省农业科学院果树研究所

调查地点：山西省晋城市泽州县二仙掌村龙王山

地理数据：GPS数据（海拔：901～969m，经度：E112°49'21"～112°49'54"，纬度：N35°33'59"～35°34'07"）

样本类型：花、叶片、果实、茎

生境信息

来源于当地，生于人工林的坡地，受耕作的影响土壤质地为黏砂土，现存2株，种植年限5年。

植物学信息

1. 植株情况

树高2.3m，冠幅东西2.5m、南北2.7m，干高52cm，干周22cm，树势强，树姿开张，圆头形树形。主干灰色，树皮块状裂，枝条密集。

2. 植物学特征

1年生枝条挺直、短，褐色，节间平均长1.5～2.5cm，多年生枝条灰褐色。叶芽卵圆形、茸毛少、离生。叶片大，长6～7cm，宽4～6cm；叶片近圆形，叶尖急尖；叶片浓绿色；叶面平滑；叶边锯齿粗大且锐利、整齐、单生；有针刺；叶缘波状，叶与枝条成锐角；伞状花序，每花序20～30朵花，花瓣5枚，花瓣白色、圆形，花蕾微绿色，花梗平均长1.6cm，绿色，先展叶后开花。

3. 果实经济性状

果实大小整齐、圆形，纵径1.8～2.1cm、横径2.5cm，最大果重19.0g，平均重16.9g。果粉多、有棱起、无锈斑、蜡质多。果梗短粗，上下粗细均匀，梗洼浅，萼片宿存，三角形。果肉红色、细，汁液少，微酸，味浓郁。果心位于中部，正方形，萼筒漏斗形、小，与心室连通，心室卵形。种子数5粒，饱满。可溶性糖含量9.8%，酸含量3.71%。最佳食用期10月上中旬至12月上中旬。

4. 生物学特性

萌芽力强，发枝力强，生长势强，全树坐果，坐果力强，丰产。生长势中等，1年生枝条平均长25cm，中心干长势弱，骨干枝分枝角度48°，徒长枝数目少。3月下旬萌芽，4月中下旬开花，9月下旬果实成熟，10月下旬落叶；定植后3年见果，10年左右进入盛果期，长果枝比例为13%，中果枝比例为27%，短果枝比例为60%；坐果力强，连续结果能力强，成熟期一致，落果轻微，丰产，大小年不显著，单株平均产量（盛果期）达112kg。

品种评价

高产，抗病，耐贫瘠，果实可食用，耐贮性强；对寒、旱、涝、瘠、盐、风、日灼等恶劣环境有较强抵抗能力。

叶片

茎

花

果实

双红

Crataegus pinnatifida Bunge
'Shuanghong'

调查编号： LITZWAD009

所属树种： 山楂 *Crataegus pinnatifida* Bunge

提 供 人： 董文轩
电　　话： 13898813246
住　　址： 辽宁省沈阳市沈河区东陵路120号

调 查 人： 王爱德
电　　话： 18204071798
单　　位： 沈阳农业大学园艺学院

调查地点： 辽宁省沈阳市沈阳农业大学科研基地

地理数据： GPS数据（海拔：63m，经度：E123°34′18″，纬度：N41°49′18″）

样本类型： 植株、果实

生境信息

吉林省长春市九台区、双阳区等地栽培的地方品种，1980年通过省级鉴定，命名为双红。保存于沈阳农业大学科研基地。

植物学信息

1. 植株情况

繁殖方法为嫁接，树势中等，树姿半直立，冠形倒卵形。

2. 植物学特征

1年生枝条长度适中，较细，黄褐色，无枝刺，平均叶片长10.75cm、宽6.25cm，叶片广卵圆形，叶片绿色，光泽度中等，正面无茸毛，背面有茸毛，叶缘锯齿细锐，叶基宽楔形，叶柄长度适中，托叶窄镰刀形，花序复伞房花序，有副花序，每花序花朵数适中，有花梗茸毛，花梗较长，花瓣单瓣，相对位置为分离状，圆形，白色，花蕾无中心孔。

3. 果实经济性状

果实纵径1.9cm、横径2.3cm，果实大小居中，平均单果重5.0g，果实扁圆形，果皮红色，果点大小适中，数量较少，黄褐色；果面有光泽，纹理粗糙，梗基一侧瘤起，梗洼平展，萼洼广，萼片披针形，姿态开张反卷，果实酸甜，果肉质地致密，粉色。

4. 生物学特性

萌芽力强，发枝力强，生长势强，全树坐果，坐果力强，丰产。生长势中等，1年生枝条长23cm，中心干生长势强，骨干枝分枝角度50°，徒长枝数目少。4月上旬萌芽，5月下旬始花，9月中下旬果实成熟。10月上旬落叶；自交亲和力很强。长果枝比例为10%，中果枝比例为35%，短果枝比例为55%；定植后2~3年见果，第10年进入盛果期。连续结果能力强，成熟期一致，落果轻微，一季结果，丰产，大小年不显著，单株平均产量（盛果期）达40kg。

品种评价

高产、抗寒、抗病、耐贫瘠、早期丰产，果实可食用，抗病虫危害较弱；对寒、旱、涝、瘠、盐、风、日灼等恶劣环境有较强抵抗能力。作为授粉树曾引入黑龙江省栽培。

植株

茎

花

叶片

果实

溪红

Crataegus pinnatifida Bunge 'Xihong'

调查编号：LITZWAD010

所属树种：山楂 *Crataegus pinnatifida* Bunge

提 供 人：董文轩
电　　话：13898813246
住　　址：辽宁省沈阳市沈河区东陵路120号

调 查 人：王爱德
电　　话：18204071798
单　　位：沈阳农业大学园艺学院

调查地点：辽宁省沈阳市沈阳农业大学科研基地

地理数据：GPS数据（海拔：36m，经度：E123°34'18"，纬度：N41°49'18"）

样本类型：枝条、花、果、叶片

生境信息

该品种为沈阳农业大学等单位1986年从辽宁省本溪市栽培的山楂中选出的地方品种，命名为溪红。保存于沈阳农业大学科研基地。

植物学信息

1. 植株情况
树冠圆锥形，树姿直立。

2. 植物学特征
1年生枝条棕褐色，节间平均长1.7～2.5cm，皮孔椭圆形、灰白色、密度中；2年生枝条灰褐色，各类枝均无茸毛，无针刺，叶基宽楔形、叶尖长突尖。叶裂较深，叶缘具重锯齿。叶芽卵圆形、茸毛少、离生。花芽肥大、球形、鳞片紧、茸毛多。伞状花序，每花序20～30朵花，花瓣5枚，花梗平均长1.6cm、绿色。先展叶后开花。

3. 果实经济性状
果实大小整齐、近圆形，平均单果重9.0g；果皮红色，果肉粉红色，甜酸，肉质硬，耐储藏，储藏期在160天以上；果实含可溶性糖10.50%、可滴定酸2.70%，维生素C含量为52.98mg/100g；果面粗糙、果粉少、有光泽、有棱起、无锈斑；果点多、大且凸起，果梗短粗，上下粗细均匀，梗洼浅、窄，萼片宿存，三角形。种子数5粒，饱满。

4. 生物学特性
连续结果能力较强；定植后3年开始结果，原产地4月中旬萌芽，5月下旬始花，10月上旬果实成熟。萌芽力强，发枝力强，生长势强，全树坐果，坐果力强，丰产。1年生枝条平均长28cm，中心干长势弱，骨干枝分枝角度50°，徒长枝数目少。长果枝比例为10%，中果枝比例为25%，短果枝比例为65%；连续结果能力强，成熟期一致，落果轻微，大小年不显著，单株平均产量（盛果期）达102kg。

品种评价

该品种较抗寒，适应性广，丰产稳产；果实耐储藏，可食率可达86.15%，果实的鲜食与加工品质良好。

植株

花

果实

挂甲峪 1 号

Crataegus pinnatifida Bunge 'Guajiayu 1'

○ 调查编号：LITZWAD017

○ 所属树种：山楂 *Crataegus pinnatifida* Bunge

○ 提 供 人：董文轩
电　　话：13898813246
住　　址：辽宁省沈阳市沈河区东陵路120号

○ 调 查 人：王爱德
电　　话：18204071798
单　　位：沈阳农业大学园艺学院

○ 调查地点：辽宁省沈阳市沈阳农业大学科研基地

○ 地理数据：GPS数据（海拔：65m，经度：E123°34'18"，纬度：N41°49'18"）

○ 样本类型：枝条、花、叶片、果实

生境信息

原产地为北京市，保存于沈阳农业大学科研基地。

植物学信息

1. 植株情况

半直立乔木，树冠倒卵形。树皮粗糙，灰色或褐色；树势强，树姿开张，主干灰色，树皮块状裂，枝条密集。

2. 植物学特征

1年生枝条褐色，挺直，长短中等，粗细中等，节间长1.5～2.5cm；2年生枝条灰白色，无枝刺，通直生长；托叶窄镰刀形，叶片长14.35cm、宽8.68cm，叶片广卵圆形，深裂，浓绿色，光泽度中等，无茸毛，叶缘锯齿尖锐，叶基宽楔形，叶柄长2～6cm，无毛；复伞房花序，有副花序，直径4.5～6.5cm，萼筒钟状，外面覆盖灰白色茸毛，每个花序花朵数量5～8个，花梗较长有茸毛，花瓣单瓣，圆形，白色，相对位置分离，花径较大，花药粉色，无花蕾中心孔，每个花序坐果量中等。

3. 果实经济性状

果实大小整齐、圆形，较大，单果重7.9g，果实纵径2.20cm、横径2.24cm，果形指数0.98；果皮深红色具蜡质，果点大且密，黄褐色；果面有光泽，纹理粗糙，梗基一侧瘤起，梗洼广、浅，萼洼广，萼筒漏斗形，萼片三角形，姿态开张、反卷；果实风味酸甜，果肉致密，黄色，可食率85.0%；种子数量多，木质化程度高，种子坚硬。

4. 生物学特性

树势较强，成枝力中等，萌芽力中等，生长势强，徒长枝数目多；3月下旬萌芽，4月中下旬开花，10月上旬果实成熟，11月中旬落叶；定植后4年见果，第10年进入盛果期，长果枝比例为10%，中果枝比例为30%，短果枝比例为60%；生育期很短，为168天。坐果力强，连续结果能力强，成熟期一致，落果轻微，丰产，大小年显著。

品种评价

该品种抗寒，耐旱，晚熟，丰产性中等，很耐储藏，可以加工成果汁和罐头。

植株

茎

花

枝条

果实

劈破石2号

Crataegus pinnatifid Bunge 'Piposhi 2'

○ 调查编号： LITZWAD023

所属树种： 山楂 *Crataegus pinnatifida* Bunge

提 供 人： 董文轩
电　　话： 13898813246
住　　址： 辽宁省沈阳市沈河区东陵路120号

调 查 人： 王爱德
电　　话： 18204071798
单　　位： 沈阳农业大学园艺学院

调查地点： 辽宁省沈阳市沈阳农业大学科研基地

地理数据： GPS数据（海拔：65m，经度：E123°34'18"，纬度：N41°49'18"）

样本类型： 枝条、花、叶片、种子

生境信息

生长于坡地黏土，保存于沈阳农业大学科研基地。

植物学信息

1. 植株情况

乔木，树姿半直立，冠形倒卵形，树势中等，树姿半开张，主干灰色，树皮丝状裂，枝条密度中等。

2. 植物学特征

1年生枝条红褐色，2年生枝条灰白色，无枝刺，叶片长8.52cm、宽7.82cm，叶片三角状卵形，裂刻中裂；幼叶淡红色，成熟叶片浓绿色，无茸毛，叶缘锯齿粗锐，叶基楔形，叶柄长，托叶阔镰刀形，花序复伞房花序，有副花序，花瓣单瓣，圆形，白色，相对位置分离，花药粉色，无花蕾中心孔。

3. 果实经济性状

果实纵径2.20cm、横径2.08cm，大小中等，近方形；果皮红色，果点中等且多，黄褐色，果面有光泽，果面粗糙，梗基一侧瘤起，梗洼浅、广，萼洼广，漏斗形萼筒，三角形萼片，开张反卷；果肉黄色，质地坚硬，风味酸；种核长1.10cm、宽0.49cm，数量多且坚硬。

4. 生物学特性

生长势中等，萌芽力中等，发枝力中等，有中心干，骨干枝分枝角度60°，新梢平均一年长15cm，3月中旬萌芽，4月中下旬开花，9月下旬果实成熟，11月上旬落叶；定植后3年结果，第10年进入结果期，长果枝比例为10%，中果枝比例为30%，短果枝比例为60%；坐果力强，全树坐果，产量中等，连续结果能力强，生理落果中等，成熟期落果中等，一季结果，大小年不显著。

品种评价

适应性强，抗寒，嫁接品种亲和力强，丰产性好，果可食用。

植株

植株

果实

开原软籽山楂

Crataegus pinnatifida Bunge
'Kaiyuanruanzishanzha'

调查编号： LITZWAD004

所属树种： 山楂 *Crataegus pinnatifida* Bunge

提 供 人： 董文轩
电　话： 13898813246
住　址： 辽宁省沈阳市沈河区东陵路120号

调 查 人： 王爱德
电　话： 18204071798
单　位： 沈阳农业大学园艺学院

调查地点： 辽宁省沈阳市沈阳农业大学科研基地

地理数据： GPS数据（海拔：35m，经度：E123°34'18"，纬度：N41°49'18"）

样本类型： 枝条、叶片

生境信息

该品种来自辽宁省开原市，在耕地种植，土壤质地黏壤土。保存于沈阳农业大学科研基地。

植物学信息

1. 植株情况

乔木，树高3m，树势弱，半直立生长，主干褐色，树皮块状裂，枝条密集。

2. 植物学特征

1年生枝条直立，灰褐色，长度中等。2年生枝条灰白色，无枝刺。多年生枝条灰褐色；叶芽大小中等，三角形，多茸毛，离生。花芽瘦小，心脏型，鳞片松；叶片大小中等，长4.84cm、宽5.52cm，浓绿色，卵形；叶尖渐尖，叶基楔形，叶面粗糙，有光泽，叶背茸毛少，叶边锯齿锐利，叶片平展，与枝条为锐角。叶柄粗度中等。

3. 果实经济性状

果实大小整齐、圆形，小，横径1.26cm、纵径1.28cm，平均单果重0.98g。果皮鲜红色，果肉粉红色，质地较软，不耐贮。无味，稍苦，种核平均4.9个，核软，发育不完全，露仁，是特异性状。

4. 生物学特性

成枝力弱，萌芽力强，发枝力弱，干性弱，定植后3年见果，花朵着果率高达51.2%，丰产，稳定性强，第10年进入盛果期，生理落果居中，采前落果较多。大小年显著。

品种评价

该品种果核软，露仁，为培育优质无核或软核品种提供育种材料。

思山岭山楂

Crataegus pinnatifida Bunge
'Sishanlingshanzha'

◎ 调查编号：LITZWAD019

◎ 所属树种：山楂 *Crataegus pinnatifida* Bunge

◎ 提 供 人：董文轩
　电　　话：13898813246
　住　　址：辽宁省沈阳市沈河区东陵路120号

◎ 调 查 人：王爱德
　电　　话：18204071798
　单　　位：沈阳农业大学园艺学院

◎ 调查地点：辽宁省沈阳市沈阳农业大学科研基地

◎ 地理数据：GPS数据（海拔：55m，经度：E123°34'18"，纬度：N41°49'18"）

◎ 样本类型：枝条、花、叶片、果实

生境信息

思山岭山楂是生长在辽宁省本溪市的地方品种。保存于沈阳农业大学科研基地。

植物学信息

1. 植株情况

乔木，树势中等，树高3~6m，树姿开张，树冠扁圆形，干高50~70cm，干周25cm。有刺或无刺，树势弱，直立生长，纺锤形，树皮粗糙，灰色或褐色，主干褐色，枝条密集。

2. 植物学特征

1年生枝条光滑，紫褐色或紫红色，较长，粗细中等，节间长1~2.5cm；2年生枝条褐色，无枝刺，通直生长；叶片宽卵形，长5~6cm、宽3.5~4.5cm，浓绿色，光泽度中等，先端急尖，基部宽楔形，边缘通常有尖锐锯齿，叶柄粗短，长1.5~2.5cm，无毛。伞房花序多花且密集，直径2~3cm，花梗长5~6mm；花瓣圆形，白色；雄蕊20枚，花药淡紫色。

3. 果实经济性状

果实中等大小、整齐，横径2.14cm、纵径2.07cm，平均单果重6.2g，果实近方形；果皮红色，果肉质地硬，可食率81.9%，风味酸甜，品质较好。果实表面有光泽具蜡质，果点小，黄褐色，萼片宿存，反折。含核3枚，两侧有凹痕。果肉粉红色，成熟期居中，可食率85.0%。

4. 生物学特性

生长势中等，发枝力强，萌芽力强，中心主干生长弱，徒长枝数目少，萌芽始期4月下旬，始花期5月中下旬，9月下旬果实成熟，10月下旬落叶，果实生长期180天左右。定植后4年见果，第10年进入盛果期，长果枝比例为15%，中果枝比例为60%，短果枝比例为25%；全树坐果，坐果力弱，连续结果能力强，全树一致成熟，成熟期落果多，一季结果，成熟期落果轻微，采前落果多，大小年显著。

品种评价

该品种耐贫瘠，抗寒，晚熟，适应性广，对桃小食心虫有较强抗性，果实可食用。

植株

枝条

叶片

花

果实

桓仁向阳山楂

Crataegus pinnatifida Bunge
'Huanrenxiangyangshanzha'

- 调查编号：LITZWAD022

- 所属树种：山楂 *Crataegus pinnatifida* Bunge

- 提 供 人：董文轩
  电　　话：13898813246
  住　　址：辽宁省沈阳市沈河区东陵路120号

- 调 查 人：王爱德
  电　　话：18204071798
  单　　位：沈阳农业大学园艺学院

- 调查地点：辽宁省沈阳市沈阳农业大学科研基地

- 地理数据：GPS数据（海拔：65m，经度：E123°34'18"，纬度：N41°49'18"）

- 样本类型：枝条、花、叶片、果实

生境信息

　　来源于辽宁省桓仁满族自治县，生长于坡地黏土，保存于沈阳农业大学科研基地。

植物学信息

1. 植株情况

　　半直立乔木，树高2~4m；干高40cm，干周25cm。树皮粗糙，灰色或褐色；树势弱，树姿开张，主干褐色，树皮块状裂，枝条密集。

2. 植物学特征

　　1年生枝条黄褐色，长度较短，粗细适中，节间长度较短；2年生枝条灰白色，无枝刺，通直生长；叶片长9.04cm、宽7.94cm，叶片卵形，中裂，浓绿色，幼叶淡绿色，光泽度中等，正面背面均无茸毛，叶缘锯齿粗锐，叶基宽楔形，叶柄长度中等，复伞房花序，有副花序，每花序花朵数量中等，花梗长度中等，无茸毛，花瓣单瓣，相对位置分离，圆形，白色，花药紫色，无花蕾中心孔，每花序坐果量中等。

3. 果实经济性状

　　果实纵径2.11cm、横径2.28cm，果形指数0.93；果实大小中等，果形近方形，果皮红色，果点大小中等且多，黄褐色；果实表面有光泽，纹理粗糙；梗基一侧瘤起，梗洼浅、广，萼洼浅，萼筒U形，萼片三角形，姿态开张反卷；果实风味酸甜，果肉致密，黄色；种核长0.89cm、宽0.41cm，宽长比0.46，种子数量多且坚硬。

4. 生物学特性

　　成枝力弱，生长势中等，萌芽力中等，发枝力强，新梢生长量居中，1年生新梢长为25cm左右，长果枝比例为10%，中果枝比例为30%，短果枝比例为60%；定植后4年见果，10年左右进入盛果期，3月下旬萌芽，4月中下旬开花，10月中旬左右果实成熟，11月初落叶；生理落果居中，采前落果较多。生育期较短为180天，大小年显著。

品种评价

　　抗寒，抗病，耐贫瘠，早期丰产；果实可食用，中熟，可药用。

植株

叶片

叶片

果实

汤池 2 号

Crataegus pinnatifida Bunge 'Tangchi 2'

调查编号：LITZWAD011

所属树种：山楂 *Crataegus pinnatifida* Bunge

提 供 人：董文轩
电　　话：13898813246
住　　址：辽宁省沈阳市沈河区东陵路120号

调 查 人：王爱德
电　　话：18204071798
单　　位：沈阳农业大学园艺学院

调查地点：辽宁省沈阳市沈阳农业大学科研基地

地理数据：GPS数据（海拔：42m，经度：E123°34'18"，纬度：N41°49'18"）

样本类型：枝条、花、叶片、种子

生境信息

汤池2号是辽宁省的地方品种，生长在当地的田间。保存于沈阳农业大学科研基地。

植物学信息

1. 植株情况

乔木，树势中等，树姿半直立，主干灰色，树皮丝状裂，枝条密度中等。

2. 植物学特征

1年生枝条挺直，褐色，长度中等，无针刺，嫩梢上茸毛中等，皮孔大小中等；节间长度中等，粗度较细，多年生枝条灰褐色。伞状花序，花瓣白色，圆形。

3. 果实经济性状

果实平均单果重5.5g，大小居中，倒卵形，果皮大红色，果面粗糙，果粉中等，有光泽，无锈斑，蜡质多；果点多、大且凸起，果梗较短、较细，梗洼浅、窄，萼片宿存，着生处浅，大小适中；果肉黄白色，质地致密且硬，汁液少，风味酸甜，味浓郁，微香，品质中等。果心位于中部，正方形，萼筒壶形、小，与心室连通，心室卵形。种子数5粒。最佳食用期是10月上旬至11月中旬。

4. 生物学特性

生长势中等，萌芽力弱，发枝力中等，骨干枝分枝角度45°，徒长枝数目中等。3月中旬萌芽，4月中下旬开花，9月下旬成熟，11月上旬落叶；开始结果年龄为4年，盛果期年龄为10年，长果枝比例为15%，中果枝比例为35%，短果枝比例为50%；坐果力强，全树坐果，产量中等，连续结果能力强，成熟期落果中等，一季结果，大小年不显著。

品种评价

该品种高产，晚熟，抗病，可食用、药用。

生境

枝条

叶片

植株

果实

蟹子石 3 号

Crataegus pinnatifida Bunge 'Xiezishi 3'

调查编号：LITZWAD014

所属树种：山楂 *Crataegus pinnatifida* Bunge

提 供 人：董文轩
电　　话：13898813246
住　　址：辽宁省沈阳市沈河区东陵路120号

调 查 人：王爱德
电　　话：18204071798
单　　位：沈阳农业大学园艺学院

调查地点：辽宁省沈阳市沈阳农业大学科研基地

地理数据：GPS数据（海拔：65m，经度：E123°34'18"，纬度：N41°49'18"）

样本类型：枝条、花、叶片、果实

生境信息

蟹子石3号是北京市的地方品种，生长在当地的田间。

植物学信息

1. 植株情况

乔木，树体高3m，无树刺，干高60～100cm，干周40cm。树皮粗糙，灰色或褐色；树势弱，树姿开张，主干褐色，树皮块状裂，枝条密集。

2. 植物学特征

1年生枝条红褐色，较长，粗细中等，节间长2～2.5cm；2年生枝条红褐色，无枝刺，通直生长；叶片长13.28cm、宽9.20cm，叶片广卵圆形，浓绿色，幼叶淡红色，光泽度中等，无茸毛，叶缘锯齿粗锐，叶基宽楔形，叶柄长2～6cm，无毛。托叶窄镰刀形；复伞房花序，有副花序，直径4.5～6.5cm，萼筒钟状，外面覆盖灰白色茸毛，每个花序花朵数量5～6个，花梗较长有茸毛，花瓣单瓣，圆形，白色，相对位置分离，花径较大，花药粉色，无花蕾中心孔，每个花序坐果量中等。

3. 果实经济性状

果实大小整齐、圆形，中等大小，果实平均横径2.12cm、纵径2.03cm，单果重平均为6.7g，果皮红色，具蜡质，果点大、黄褐色，果面有光泽，表面纹理粗糙，梗基一侧瘤起，梗洼浅、广，萼洼广，萼筒漏斗形，萼片三角形，姿态开张反卷；果实风味酸甜，果肉致密，绿色，成熟期居中，可食率85.0%。

4. 生物学特性

成枝力弱，生长势弱，萌芽力弱，新梢生长量居中，长果枝比例为10%，中果枝比例为40%，短果枝比例为50%；定植后4年见果，10年左右进入盛果期，3月下旬萌芽，4月中下旬开花，10月中旬左右果实成熟，11月中旬落叶；生理落果居中，采前落果较多。生育期较短为165天，大小年显著。

品种评价

该品种耐盐碱，抗寒性中等，晚熟，可食用、药用。

植株

叶片

叶片

果实

东陵青口

Crataegus pinnatifida Bunge
'Donglingqingkou'

调查编号：LITZWAD016

所属树种：山楂 *Crataegus pinnatifida* Bunge

提 供 人：董文轩
电　　话：13898813246
住　　址：辽宁省沈阳市沈河区东陵路120号

调 查 人：王爱德
电　　话：18204071798
单　　位：沈阳农业大学园艺学院

调查地点：辽宁省沈阳市沈阳农业大学科研基地

地理数据：GPS数据（海拔：55m，经度：E123°34'18"，纬度：N41°49'18"）

样本类型：枝条、果实、叶片

生境信息

来源于辽宁省沈阳市东陵区树林，保存于沈阳农业大学科研基地。

植物学信息

1. 植株情况

直立乔木，树冠纺锤形，树高4~6m；树势强，直立生长，树冠圆头形，树皮粗糙，灰色或褐色；树姿半开张，主干灰色，枝条密集。

2. 植物学特征

1年生枝条红褐色，长短适中，节间长1.5~2.5cm；2年生枝条灰白色，无枝刺，通直生长；叶片较大，卵形、深裂、绿色，光泽度中等，无茸毛，叶缘锯齿细锐，叶基宽楔形，叶柄托叶窄镰刀形。

3. 果实经济性状

果实纵径2.28cm、横径2.45cm，果实较大，单果重7.7g，果形近方形，果皮深红色，果点极多且中等，黄褐色；果实表面有光泽，纹理粗糙；果梗长1.5~2.5cm，梗基一侧瘤起，梗洼浅、广，萼洼广，萼筒漏斗形，萼片三角形，姿态开张反卷；果实风味酸甜，果肉致密，果肉粉色；果实含可溶性糖9.01%，含维生素C59.26mg/100g。

4. 生物学特性

树势较强，萌芽力中等，成枝力较弱。中心主干生长弱，徒长枝数目少，以中短结果枝为主，萌芽始期4月中旬，始花期5月下旬，8月中旬果实着色，10月中旬果实成熟。定植后3年见果，第10年进入盛果期，全树坐果，坐果力弱，连续结果能力强，一季结果，成熟期落果轻微。大小年显著。果实生育期为167天左右。

品种评价

该品种抗寒，适应性广，果实可食用或制果酱，晚熟耐储藏。

叶片

果实

植株

果实

马刚早红

Crataegus pinnatifida Bunge
'Magangzaohong'

调查编号：LITZWAD024

所属树种：山楂 *Crataegus pinnatifida* Bunge

提 供 人：董文轩
电 话：13898813246
住 址：辽宁省沈阳市沈河区东陵路120号

调 查 人：王爱德
电 话：18204071798
单 位：沈阳农业大学园艺学院

调查地点：辽宁省沈阳市沈阳农业大学科研基地

地理数据：GPS数据（海拔：35m，经度：E123°34'18"，纬度：N41°49'18"）

样本类型：枝条、花、叶片、果实

生境信息

来源于辽宁省沈阳市新城区马刚乡，生长于黏土，周边树木较多。保存于沈阳农业大学科研基地。

植物学信息

1. 植株情况

乔木，树体高3m，树姿半开张，纺锤形，树皮粗糙，灰色或褐色；树势强，树姿开张，主干灰色，树皮块状裂，枝条密集。

2. 植物学特征

1年生枝条黄褐色，2年生枝条褐色，无枝刺生长，通直；叶片长10.56cm、宽8.86cm，楔形，裂刻深裂；幼叶淡红色，成熟叶片浓绿色，无茸毛，叶缘锯齿细锐，叶基楔形，叶柄长度长，托叶阔镰刀形，花序复伞房花序，有副花序，花朵着果率43.8%，花瓣单瓣，相对位置分离，圆形，白色，花药粉色，无花蕾中心孔。

3. 果实经济性状

果实大小整齐、圆形，大小中等，果实纵径2.26cm、横径1.90cm，平均粒重4.7g，最大果重6.4g。果皮深红色，果肉粉红色，果肉致密，果点中等且多，黄褐色，果面有光泽，纹理粗糙，梗基一侧瘤起，梗洼浅，萼洼广，萼筒漏斗形，萼片三角形，开张反卷萼；总糖含量10.3%，总酸含量3.64%。

4. 生物学特性

树势较强，成枝力中等，萌芽力中等，生长势强，4月下旬萌芽，5月下旬开花，9月下旬果实成熟，10月下旬落叶，营养生长期173天，果实生长期118天，定植后4年见果，10年左右进入盛果期，成熟期一致，落果轻微，丰产。大小年显著。

品种评价

高产，极耐贮，果实可食用，加工用山楂的优良品种。

枝条

植株

叶片

果实

秋丽

Crataegus pinnatifida Bunge 'Qiuli'

○ 调查编号： LITZWAD029

○ 所属树种： 山楂 *Crataegus pinnatifida* Bunge

○ 提 供 人： 董文轩
电　　话： 13898813246
住　　址： 辽宁省沈阳市沈河区东陵路120号

○ 调 查 人： 王爱德
电　　话： 18204071798
单　　位： 沈阳农业大学园艺学院

○ 调查地点： 辽宁省沈阳市沈阳农业大学科研基地

○ 地理数据： GPS数据（海拔：62m，经度：E123°34'18"，纬度：N41°49'18"）

○ 样本类型： 枝条、花、果实、叶片

生境信息

生长于坡地黏土，保存于沈阳农业大学科研基地。

植物学信息

1. 植株情况

乔木，树姿半直立，树冠倒卵形。

2. 植物学特征

1年生枝条黄褐色，2年生枝条灰白色，无枝刺，生长类型通直，叶片长9.60cm、宽8.86cm，三角状，裂刻深裂；成熟叶片浓绿色，无茸毛，叶缘锯齿粗锐，叶基宽楔形，叶柄长，托叶窄镰刀形。花序复伞房花序，有副花序，总花梗和花梗均被白色柔毛，花瓣单瓣，相对位置分离，圆形，白色，花药紫色，雄蕊20个，花柱4个。

3. 果实经济性状

果实纵径1.83cm、横径1.87cm，平均粒重5.1g，果实方形；果皮红色，果点黄褐色，果面有光泽，表面纹理粗糙；梗基一侧瘤起，梗洼平展，萼洼广，漏斗形萼筒，萼片三角形，开张反卷萼；种核长0.88cm、宽0.43cm，数量多且坚硬；果肉黄色，质地软，风味酸甜。

4. 生物学特性

萌芽力强，发枝力强。新梢生长量较大，1年生枝条生长势强，中心主干生长弱，徒长枝数目少，定植后3年开始结果，第10年进入盛果期；4月中旬萌芽，5月下旬开花，10月上旬果实成熟。枝条连续坐果力强，全树坐果，坐果力弱，全树成熟度一致，一季结果，成熟期落果轻微。采前落果多，大小年不显著。

品种评价

该品种高产，抗寒，适应性广，嫁接品种亲和力强，果实适合鲜食。

花

植株

大山楂

Crataeguspin.natifida Bunge 'Dashanzha'

调查编号：LITZLJS041

所属树种：山楂 *Crataegus pinnatifida* Bunge

提 供 人：于广水
电　　话：13716005006
住　　址：北京市平谷区大华山镇林业站

调 查 人：刘佳芩
电　　话：010-51503910
单　　位：北京市农林科学院农业综合发展研究所

调查地点：北京市平谷区大华山镇泉水峪村

地理数据：GPS数据（海拔：145m，经度：E117°33'22"，纬度：N40°21'18"）

样本类型：果实、枝条

生境信息

来源于吉林省，常生长在山坡和河边树林中。保存于沈阳农业大学科研基地。

植物学信息

1. 植株情况

乔木，高4～5m，干高30～50cm，干周30cm。无刺，树势中等，直立生长，圆头形，树皮粗糙，灰色或褐色；树姿开张，主干灰色，枝条密集。

2. 植物学特征

1年生枝条褐色，无毛或近无毛，较长，粗细中等；多年生枝条灰色，无枝刺，通直生长；叶片浓绿色，光泽度中等。

3. 果实经济性状

果实整齐、大小中等，纵径2.45cm、横径2.50cm，有明显的棱起，平均果重6.5～8.0g；果皮深红色，果实表面光泽具蜡质，果点大且密，黄褐色，近萼处分布较密，果梗长1～2.5cm，基部稍膨大。梗洼浅、窄，萼片宿存，半张开。果肉粉白色或绿白色，致密，酸甜适口。果心较大，线不明显。

4. 生物学特性

生长势强，发枝力强，中心主干生长弱，萌芽始期5月上旬，始花期5月下旬，9月下旬果实成熟，10月下旬落叶。定植后4年见果，第10年进入盛果期，全树坐果，坐果力弱，连续结果能力强，一季结果，采前落果多，成熟期落果轻微。大小年显著。

品种评价

品种高产，抗寒、抗旱能力强，适应性广，果实可食用，常有星毛虫、食心虫、卷叶虫、象鼻虫等危害。

植株

果实

辽宁大果

Crataegus brettschneideri Schneid
'Liaoningdaguo'

（●）调查编号： LITZWAD006

（●）所属树种： 山楂 *Crataegus brettsch-neideri* Schneid

（●）提 供 人： 董文轩
电　话： 13898813246
住　址： 辽宁省沈阳市沈河区东陵路120号

（●）调 查 人： 王爱德
电　话： 18204071798
单　位： 沈阳农业大学园艺学院

（●）调查地点： 辽宁省沈阳市沈阳农业大学科研基地

（●）地理数据： GPS数据（海拔：72m，经度：E123°34'18"，纬度：N41°49'18"）

（●）样本类型： 枝条、叶片

生境信息

来源于当地，生于耕地，土壤质地为黏壤土，在沈阳农业大学有保存。

植物学信息

1. 植株情况

乔木，树势中等，直立生长，树体圆锥形，树皮粗糙，丝状裂，灰色或褐色；主干灰色，枝条密集。

2. 植物学特征

1年生枝条挺直，纤细，红褐色，多年生枝条灰褐色，叶片长7.46cm、宽7.66cm，绿色，卵形或圆形，叶基心形，叶面粗糙，无光泽，叶片边缘有锯齿。梗基一侧瘤起，梗洼平展，萼筒漏斗形，萼片披针形，开张反卷。种核长0.60cm、宽0.34cm，数量中等。

3. 果实经济性状

果实横径1.64cm、纵径1.40cm，近圆形；果皮红色，果点小，果面有光泽，果肉黄色，质地软，果实风味酸甜。

4. 生物学特性

发枝力强，萌芽力弱，1年生枝条生长势强，定植后4年开始结果，第10年进入盛果期；4月中旬萌芽，5月下旬开花，10月上旬果实成熟。全树坐果，坐果力弱，采前落果多。成熟期落果轻微。

品种评价

该品种抗寒，适应性广，丰产稳产；果实耐储藏，果实的鲜食与加工品质良好。

冯水山楂

Crataegus pinnatifida Bunge
'Fengshuishanzha'

调查编号： LITZWAD020

所属树种： 山楂 *Crataegus pinnatifida* Bunge

提 供 人： 董文轩
电　　话： 13898813246
住　　址： 辽宁省沈阳市沈河区东陵路120号

调 查 人： 王爱德
电　　话： 18204071798
单　　位： 沈阳农业大学园艺学院

调查地点： 辽宁省沈阳市沈阳农业大学科研基地

地理数据： GPS数据（海拔：55m，经度：E123°34'18"，纬度：N41°49'18"）

样本类型： 枝条、花、果实、叶片

生境信息

来源于河北省，生长于坡地黏土。保存于沈阳农业大学科研基地。

植物学信息

1. 植株情况

半直立乔木，倒卵形树冠，树高4～6m，干高80cm，干周40cm，树势弱，树姿开张，主干灰褐色，树皮块状裂，枝条密集。

2. 植物学特征

1年生枝条绿色，长短适中，粗细适中；2年生枝条灰白色，无枝刺，通直生长；叶片卵形，中裂，绿色，叶片光泽度中等，叶缘锯齿粗锐，叶基宽楔形，叶柄较长，托叶窄镰刀形；复伞房花序，有副花序，每花序花朵数量较少，花梗长度中等，无茸毛，花瓣单瓣，相对位置分离，花径大，花瓣圆形，白色，花药粉色，无花蕾中心孔，每花序坐果量中等。

3. 果实经济性状

果实纵径2.40cm、横径2.80cm，果形指数0.86；果实大小中等，近方形，果皮红色，果点极多且大，褐色；果实表面有光泽，纹理粗糙；梗基平滑，梗洼浅、广，萼洼广，萼筒U形，萼片三角形，姿态开张反卷；果实风味较酸，果肉粉白色，致密；含核5枚，种仁小，种皮褐色。

4. 生物学特性

萌芽力强，发枝力强，生长势强，全树坐果，坐果力强，丰产。1年生枝条平均长27cm，有中心干，骨干枝分枝角度45°，徒长枝数目少。本地3月末萌芽，5月上旬开花，10月中旬果实成熟；定植后3年见果，第7～8年进入盛果期；连续结果能力强，成熟期一致，落果轻微，丰产，大小年不显著。

品种评价

该品种丰产，抗病，适应性强，果实可食用或入药。

植株

茎

花

花

建昌山楂

Crataegus pinnatifida Bunge
'Jianchangshanzha'

調查編号： LITZWAD001

所属树种： 山楂 *Crataegus pinnatifida* Bunge

提 供 人： 董文轩
电　　话： 13898813246
住　　址： 辽宁省沈阳市沈河区东陵路120号

调 查 人： 王爱德
电　　话： 18204071798
单　　位： 沈阳农业大学园艺学院

调 查 地 点： 辽宁省沈阳市沈阳农业大学科研基地

地理数据： GPS数据（海拔：75m，经度：E123°34'18"，纬度：N41°49'18"）

样本类型： 枝条、果实、叶片

生境信息

来源于辽宁省建昌县，在耕地种植，土壤质地为壤土。保存于沈阳农业大学科研基地。

植物学信息

1. 植株情况

树高3~6m，无树刺，干高60~100cm，干周30cm。树皮粗糙，灰色或褐色；树势弱，树姿开张，主干褐色，树皮丝状裂，枝条密集。

2. 植物学特征

1年生枝条光滑，红褐色或紫红色，较长，粗细中等，节间长1~2.5cm；2年生枝条红褐色，通直生长；嫩梢有灰色茸毛；多年生枝条灰褐色；叶片大小中等，绿色、卵形，叶基圆形，叶面粗糙，有光泽，叶背多茸毛，叶片两侧向内，与枝条夹角成锐角。

3. 果实经济性状

果实整齐、大小中等，横径2.34cm、纵径2.16cm，平均单果重7.5g，圆形；果皮深红色，具蜡质，果面有光泽，果点大，黄褐色，表面纹理粗糙，梗基一侧瘤起，梗洼浅、广，萼洼广，萼筒漏斗形，萼片三角形，姿态开张反卷；果实风味酸甜，果肉致密，可食率84.8%。

4. 生物学特性

成枝力强，生长势弱，萌芽力弱，发枝力居中，新梢生长量居中，长果枝比例为10%，中果枝比例为50%，短果枝比例为40%；定植后4年见果，10年左右进入盛果期，3月下旬萌芽，4月中下旬开花，10月中旬左右果实成熟，11月上旬落叶；生理落果居中，采前落果较多。生育期较短为162天，丰产，大小年显著。

品种评价

该品种耐盐碱，抗寒性中等，适应性广，嫁接品种亲和力强，果实储藏性较好。

植株

叶片

枝条

果实

铁岭山楂

Crataegus pinnatifida Bunge
'Tielingshanzha'

調查编号： LITZWAD012

所属树种： 山楂 *Crataegus pinnatifida* Bunge

提 供 人： 董文轩
电　　话： 13898813246
住　　址： 辽宁省沈阳市沈河区东陵路120号

调 查 人： 王爱德
电　　话： 18204071798
单　　位： 沈阳农业大学园艺学院

调查地点： 辽宁省沈阳市沈阳农业大学科研基地

地理数据： GPS数据（海拔：226m，经度：E123°34'18"，纬度：N41°49'18"）

样本类型： 果实、枝条、叶片

生境信息

为辽宁省铁岭市的地方品种，生长在当地的田间。保存于沈阳农业大学科研基地。

植物学信息

1. 植株情况

乔木，树高2~4m，干高35cm，干周30cm；树势中等，直立生长，树冠卵圆形，树皮粗糙，灰色或褐色；树姿半开张，主干灰色，枝条密集。

2. 植物学特征

1年生枝条黄色，较长，粗细适中，嫩梢多灰色茸毛；成熟枝条灰褐色；叶芽较大，卵圆形，茸毛少，离生。花芽瘦小，心形，鳞片松。叶片较大，长9.18cm、宽7.36cm，浓绿色；叶片卵形，边缘尖，光泽度中等，叶缘锯齿细锐，叶基宽楔形，叶柄长度中等，托叶窄镰刀形；复伞房花序，花瓣圆形，白色，花药粉色，无花蕾中心孔，每花序坐果量中等。

3. 果实经济性状

果实平均横径2.17cm、纵径2.22cm，单果重平均为6.7g，果实倒卵圆形；果皮红色，果点数多，果面有光泽，表面纹理粗糙；果实风味酸，果肉质地致密，黄色，成熟期居中。果粉中，梗基一侧瘤起，梗洼浅、广，萼洼广，萼筒U形，萼片三角形，姿态开张反卷；可食率为73.7%。种子数量多且坚硬。

4. 生物学特性

生长势中等，发枝力强，萌芽力中等，新梢生长量较大，1年生枝条平均长20cm，中心主干生长弱，徒长枝数目少，萌芽始期4月下旬，始花期5月中下旬，9月上中旬果实成熟，10月下旬落叶，营养生长期200天左右，果实生长期170天左右；自交亲和力很强。定植后4年见果，第10年进入盛果期。长果枝比例为15%，中果枝比例为35%，短果枝比例为50%；全树坐果，坐果力强，连续结果能力强，全树成熟度一致，一季结果，采前落果多，成熟期落果轻微。大小年显著，单株平均60kg。

品种评价

该品种结果早，高产，耐贫瘠，抗寒，适应性广，果实可食用。

株林

叶片

果实

蒙阴大金星

Crataegus pinnatifida Bunge
'Mengyindajinxing'

调查编号：LITZWAD015

所属树种：山楂 *Crataegus pinnatifida* Bunge

提 供 人：董文轩
电　　话：13898813246
住　　址：辽宁省沈阳市沈河区东陵路120号

调 查 人：王爱德
电　　话：18204071798
单　　位：沈阳农业大学园艺学院

调查地点：辽宁省沈阳市沈阳农业大学科研基地

地理数据：GPS数据（海拔：63m，经度：E123°34'18"，纬度：N41°49'18"）

样本类型：枝条、叶、花、果实

生境信息

来源于山东省蒙阴县，常生长在山坡和河边树林中。保存于沈阳农业大学科研基地。

植物学信息

1. 植株情况

乔木，树姿半直立，树姿开张，树高2~4m，干高35cm，干周30cm，树冠倒卵形；树皮粗糙，灰色或褐色；主干灰色，枝条密集。

2. 植物学特征

1年生枝条红褐色，粗度中等；2年生枝条红褐色，无枝刺。叶片长14.33cm、宽9.08cm，广卵圆形，裂刻浅裂；叶片绿色，光泽度中等；叶缘锯齿粗锐，叶基宽楔形；托叶窄镰刀形；复伞房花序，有副花序；花梗无茸毛、短；花瓣单瓣，圆形，白色；花药粉色；梗基一侧瘤起；种核宽0.48cm、长1.04cm，数量多，木质化程度高。

3. 果实经济性状

果实圆形，极大且整齐，纵径2.30cm、横径2.78cm；平均粒重9.0g；果皮深红色，果面有光泽，纹理粗糙，果粉中，具有较多果点，果点较大、黄褐色；果肉黄色，致密，风味酸甜。果梗长粗，上下粗细均匀，梗基一侧瘤起，梗洼浅、广，萼洼浅，萼筒U形，萼片三角形，姿态开张反卷；可食率82.9%；种子数量多且坚硬。

4. 生物学特性

生长势弱，发枝力强，萌芽力弱，新梢生长量较大，1年生枝条平均长20cm，中心主干生长弱，徒长枝数目少，萌芽始期4月下旬，始花期5月中下旬，果实成熟期10月中旬，定植后4年见果，第10年进入盛果期。全树坐果，坐果力强，连续结果能力强，全树成熟度一致，一季结果，成熟期落果轻微。采前落果多，大小年不显著。

品种评价

该品种高产，抗寒，晚熟，适应性广，嫁接品种亲和力强，丰产性好，果可食用。

植株

叶片

枝条

果实

绛县 798202

Crataegus pinnatifida Bunge
'Jiangxian 798202'

调查编号：LITZWAD002

所属树种：山楂 *Crataegus pinnatifida* Bunge

提 供 人：董文轩
电　　话：13898813246
住　　址：辽宁省沈阳市沈河区东陵路120号

调 查 人：王爱德
电　　话：18204071798
单　　位：沈阳农业大学园艺学院

调查地点：辽宁省沈阳市沈阳农业大学科研基地

地理数据：GPS数据（海拔：81m，经度：E123°34'18"，纬度：N41°49'18"）

样本类型：果实、枝条、花、叶片

生境信息

来源于山西省绛县，种植于耕地，土壤质地为壤土。保存于沈阳农业大学科研基地。

植物学信息

1. 植株情况

乔木，树势中等，高达2～4m，干高35cm，干周30cm。半开张生长，树冠椭圆形，树皮丝状裂，枝条较密。

2. 植物学特征

1年生枝条灰色且细，有茸毛；叶芽大小中等，三角形，有茸毛，花芽瘦小，尖卵形，鳞片紧；叶片大小中等，绿色，卵形，叶尖急尖，叶基楔形，叶面粗糙，有光泽，叶背有茸毛。

3. 果实经济性状

果实圆形，大小整齐，平均单果重8.1g；果皮深红色，果实底色红色，果面粗糙、果粉少、有光泽、有棱起、无锈斑、蜡质多。果点多、大且凸起，果梗短粗，上下粗细均匀，梗洼浅、窄，萼片宿存，三角形。果肉黄白色，味浓郁，微香，品质中等。果肉致密，风味甜酸，可食率82.4%，果心位于中部，正方形，萼筒壶形，小，与心室连通，心室卵形。种子数5粒，饱满。单宁含量0.18%，可溶性糖含量9.44%，酸含量3.56%，维生素C含量53.86mg/100g。

4. 生物学特性

生长势强，发枝力弱，萌芽力强，中心主干生长弱，徒长枝数目少，萌芽始期4月下旬，始花期5月下旬，6月初盛花，果实成熟期10月中旬。定植后4年见果，第10年进入盛果期，全树坐果，果实生育期171天，坐果力强，连续结果能力强，全树一致成熟，成熟期落果多，一季结果，花期和成熟期都早，采前落果多，成熟期落果轻微。大小年显著。

品种评价

该品种结果晚，高产，耐贫瘠，抗寒，适应性广，抗性较强，耐贮运，可加工制果酱。

植株

叶片

果实

花

辽阳紫肉

Crataegus pinnatifida Bunge
'Liaoyangzirou'

- 调查编号： LITZWAD008

- 所属树种： 山楂 *Crataegus pinnatifida* Bunge

- 提 供 人： 董文轩
  电　　话： 13898813246
  住　　址： 辽宁省沈阳市沈河区东陵路120号

- 调 查 人： 王爱德
  电　　话： 18204071798
  单　　位： 沈阳农业大学园艺学院

- 调查地点： 辽宁省沈阳市沈阳农业大学科研基地

- 地理数据： GPS数据（海拔：65m，经度：E123°34'18"，纬度：N41°49'18"）

- 样本类型： 枝条、花、叶片、果实

生境信息

来源于辽宁省辽阳市，生于平地种植，土壤质地为黏壤土。保存于沈阳农业大学科研基地。

植物学信息

1. 植株情况

乔木，树势强，半直立生长，树形纺锤形。树皮粗糙，灰色或褐色；主干褐色，树皮块状裂，枝条密集。

2. 植物学特征

1年生枝条较细，黄褐色。2年生枝条灰白色，无枝刺。叶芽小、卵圆形，花芽球形且饱满。叶片绿色，幼叶淡红，叶片长9.24cm、宽8.48cm，光泽度中，心脏形，叶尖急尖，叶基截形，叶边锯齿粗锐。复伞房花序，花梗有茸毛，花梗短，花瓣圆形，白色，粉色花药。

3. 果实经济性状

果实横径2.40cm、纵径2.23cm，平均粒重8.9g，近圆形；果面有光泽，果皮红色，果肉致密，果实风味甜酸。纹理粗糙，具有较多果点，果点较大、黄褐色；果肉黄色，82.9%可食，果粉少，果肉汁液较少，香味中等，可溶性糖含量7.57%，酸含量为3.29%，维生素C含量74.27mg/100g。种子数量多且坚硬。

4. 生物学特性

萌芽力中等，发枝力中等，生长势强，全树坐果，坐果力强，丰产。主干生长弱，徒长枝数目少，3月下旬萌芽，4月中下旬开花，9月下旬果实成熟，10月下旬落叶；定植后4年见果，10年左右进入盛果期，长果枝比例为10%，中果枝比例为50%，短果枝为40%，落果轻微，大小年显著。

品种评价

该品种果实质量优，果实可食用，耐储藏，可制罐头。

植株

叶片

果实

本溪 7 号

Crataegus pinnatifida Bunge 'Benxi 7'

调查编号： LITZWAD021

所属树种： 山楂 *Crataegus pinnatifida* Bunge

提 供 人： 董文轩
电　　话： 13898813246
住　　址： 辽宁省沈阳市沈河区东陵路120号

调 查 人： 王爱德
电　　话： 18204071798
单　　位： 沈阳农业大学园艺学院

调查地点： 辽宁省沈阳市沈阳农业大学科研基地

地理数据： GPS数据（海拔：36m，经度：E123°34'18"，纬度：N41°49'18"）

样本类型： 枝条、种子

生境信息

来源于辽宁省本溪市。生长于黏土。保存于沈阳农业大学科研基地。

植物学信息

1. 植株情况

乔木，树姿半直立，树高3～6m，树冠卵圆形；干高30～60cm，干周30cm。树皮粗糙，灰色或褐色；树势弱，树姿开张，主干褐色，树皮块状裂，枝条密集。

2. 植物学特征

1年生枝条红褐色，粗度中等，2年生枝条灰白色，无枝刺；成熟叶片浓绿色，广卵圆形，裂刻浅裂；幼叶橙红色，光泽度中等；叶缘锯齿细锐，叶基楔形。

3. 果实经济性状

果实纵径1.89cm、横径1.82cm，大小中等，平均粒重5.5g，长椭圆形；果皮红色，果面有光泽，纹理粗糙，具较多果点，果点大小中等且密、黄褐色；果粉少、有棱起、无锈斑、蜡质多；果梗短粗，上下粗细均匀，梗洼浅、窄；萼片宿存，三角形；果肉黄色，致密且硬，汁液少，风味酸甜，味浓郁，微香，品质中等。果心位于中部，正方形，萼筒壶形，小，与心室连通，心室卵形。种子数5粒，饱满。

4. 生物学特性

萌芽力中等，发枝力强，生长势强，全树坐果，坐果力中等。主干生长弱，徒长枝数目少，3月下旬萌芽，4月中下旬开花，9月下旬果实成熟，10月下旬落叶；定植后4年见果，10年左右进入盛果期，长果枝比例为10%，中果枝比例为40%，短果枝比例为50%；成熟期一致，落果轻微，丰产。大小年不显著。

品种评价

该品种果实品质优，果实可食用，成熟期晚。抗病，耐贫瘠。

丛林

枝条

果实

果实

抚顺上砖白楂

Crataegus pinnatifida Bunge
'Fushunshangzhuanbaizha'

调查编号：LITZWAD018

所属树种：山楂 *Crataegus pinnatifida* Bunge

提 供 人：董文轩
电　　话：13898813246
住　　址：辽宁省沈阳市沈河区东陵路120号

调 查 人：王爱德
电　　话：18204071798
单　　位：沈阳农业大学园艺学院

调查地点：辽宁省沈阳市沈阳农业大学科研基地

地理数据：GPS数据（海拔：35m，经度：E123°34'18"，纬度：N41°49'18"）

样本类型：枝条、叶片、花、果实

生境信息

来源于辽宁省抚顺市清原县，生长于坡地黏土，保存于沈阳农业大学科研基地。

植物学信息

1. 植株情况

半直立乔木，倒卵形树冠，树体较高。

2. 植物学特征

1年生枝条红褐色，长短适中，较粗，2年生枝条灰白色，无枝刺，通直生长；叶片长13.92cm、宽8.63cm，叶片三角状卵形，深裂，绿色，幼叶淡红色，叶片光泽度中等，正面背面均无茸毛，叶缘锯齿细锐，叶基楔形，叶柄长度较长，托叶窄镰刀形；复伞房花序，有副花序，每花序花朵数量较少，花梗较长，有茸毛，花瓣单瓣，圆形，白色，相对位置分离，花径中等，花药粉色，无花蕾中心孔，每花序坐果量中等。

3. 果实经济性状

果实较大，果形圆形，大小整齐，平均单果重8.4g，果实纵径2.01cm、横径2.07cm；果皮深红色，果点数目多，大小中等，黄褐色；果实表面有光泽，纹理粗糙；梗基平滑，梗洼平展，萼洼浅，萼筒漏斗形，萼片三角形，姿态开张反卷；果实风味较酸，果肉致密，黄色；果实可食用率82.4%，种子数量5粒且坚硬。

4. 生物学特性

树势较强，萌芽力中等，成枝力较弱。晚熟，新梢生长量大，新梢一年平均长22cm，骨干枝分枝角度50°，主干生长弱，3月下旬萌芽，4月中下旬开花，10月中旬果实成熟，生育期短；定植后4年见果，10年左右进入盛果期，长果枝比例为10%，中果枝比例为25%，短果枝比例为65%；坐果力强，连续结果能力强，成熟期一致，落果多，产量中等，大小年显著。

品种评价

果实可食用，抗寒性较差。抗病，对旱、涝、瘠、盐、风、日灼等恶劣环境有较强抵抗能力。

植株

叶片

果实

晋城小野山楂

Crataegus pinnatifida Bunge
'Jinchengxiaoyeshanzha'

📋 调查编号：LITZWAD003

🔖 所属树种：山楂 *Crataegus pinnatifida* Bunge

📄 提 供 人：董文轩
　　电　　话：13898813246
　　住　　址：辽宁省沈阳市沈河区东陵路120号

📋 调 查 人：王爱德
　　电　　话：18204071798
　　单　　位：沈阳农业大学园艺学院

📍 调查地点：辽宁省沈阳市沈阳农业大学科研基地

🌐 地理数据：GPS数据（海拔：65m，经度：E123°34'18"，纬度：N41°49'18"）

🖼 样本类型：枝条、花、叶片、果实

📋 生境信息

生于旷野中的坡地，该土地土壤质地为砂壤土，种植面积较大，保存于沈阳农业大学科研基地。

📑 植物学信息

1. 植株情况

乔木，树势强，半开张生长，主干褐色，树皮块状裂，枝条密度中等。

2. 植物学特征

1年生枝条灰色，粗度中等，枝条长度短，嫩梢上有灰色茸毛。多年生枝条灰褐色，叶芽小，三角形，有很多茸毛，花芽球形且饱满，鳞片松，有少量茸毛。叶片大小中等，浓绿色，叶面平展，叶尖急尖，叶基楔形，叶边缘有小锯齿。

3. 果实经济性状

果实大小整齐、圆形，果实较大，平均重8.5g；果实底色红色，果面粗糙、果粉少、有光泽、有棱起、无锈斑、蜡质多；果点多、大且凸起，果梗短粗，上下粗细均匀，梗洼浅、窄，萼片宿存，三角形；果肉黄白色，致密且硬，汁液少，酸甜，味浓郁，微香，品质中等；果心位于中部，正方形，萼筒壶形、小、与心室连通，心室卵形。种子数4粒，饱满。可溶性糖含量12.1%，酸含量4.65%。

4. 生物学特性

萌芽力中等，发枝力中等，生长势强，全树坐果，坐果力强，丰产。徒长枝数目少，3月下旬萌芽，4月中下旬开花，9月下旬果实成熟，10月下旬落叶；定植后4年见果，10年左右进入盛果期，长果枝比例为10%，中果枝比例为25%，短果枝比例为65%；连续结果能力强，成熟期一致，落果轻微，丰产，大小年不显著。

📖 品种评价

高产，耐贫瘠，适应性广，晚熟，嫁接品种亲和力强，丰产性好，果实可实用；耐藏，是山楂加工的优良品种。

植株

果实

叶片

花

大旺

Crataegus pinnatifida Bunge 'Dawang'

调查编号：LITZDWX004

所属树种：山楂 *Crataegus pinnatifida* Bunge

提供人：董文轩
电　话：13898813246
信　址：辽宁省沈阳市沈河区东陵路120号

调查人：王爱德
电　话：18204071798
单　位：沈阳农业大学园艺学院

调查地点：辽宁省沈阳市沈阳农业大学科研基地

地理数据：GPS数据（海拔：55m，经度：E123°34'18"，纬度：N41°49'18"）

样本类型：枝条、花、叶片、果实

生境信息

来源于吉林省，常生长在山坡和河边树林中，保存于沈阳农业大学科研基地。

植物学信息

1. 植株情况

乔木，高达4～5m，干高30～50cm，干周30cm。无刺，树势中等，直立生长，圆头形，树皮粗糙，灰色或褐色；树姿开张，主干灰色，枝条密集。

2. 植物学特征

1年生枝条褐色，较长，粗细中等；多年生枝条灰色，无枝刺，通直生长；叶片浓绿色，光泽度中等。

3. 果实经济性状

果实大小中等、整齐，纵径2.45cm、横径2.50cm，有明显的棱起，平均果重6.5～8.0g；果皮深红色，果实有光泽，光泽具蜡质，果点大且密，黄褐色，近萼处分布较密，果梗长1～1.3cm，基部稍膨大；梗洼浅、窄，萼片宿存，半张开；果肉粉白色或绿白色，致密，酸甜适口。

4. 生物学特性

生长势强，成枝力69.9%，萌芽力74.4%，中心主干生长弱，营养枝生长量大，徒长枝数目多，萌芽始期4月下旬，始花期5月下旬，果实成熟期9月下旬。定植后4年见果，第10年进入盛果期，全树坐果，坐果力弱，连续结果能力强，一季结果，花期和成熟期都早。成熟期落果轻微，大小年显著。

品种评价

品种高产，抗寒能力强，适应性广，果实可食用。

植株

叶片

枝条

果实

灯笼红

Crataegus pinnatifida Bunge
'Denglonghong'

○ 调查编号： LITZDWX005

○ 所属树种： 山楂 *Crataegus pinnatifida* Bunge

○ 提 供 人： 董文轩
　　电　　话： 13898813246
　　住　　址： 辽宁省沈阳市沈河区东陵路120号

○ 调 查 人： 王爱德
　　电　　话： 18204071798
　　单　　位： 沈阳农业大学园艺学院

○ 调查地点： 辽宁省沈阳市沈阳农业大学科研基地

○ 地理数据： GPS数据（海拔：55m，经度：E123°34'18"，纬度：N41°49'18"）

○ 样本类型： 果实、枝条、叶片

生境信息

来源于北京市，常生长在山坡和河边树林中。保存于沈阳农业大学科研基地。

植物学信息

1. 植株情况

灌木或乔木，高达2~4m，有刺或无刺，树势弱，直立生长，树皮粗糙，灰色或褐色；树势弱，树姿开张，主干褐色，枝条密集。

2. 果实经济性状

果实小、整齐，纵径2.00cm、横径2.04cm，平均果重4.4g，圆形或方圆形；果皮紫红色，果实表面有光泽，果点中大而稀，黄色。果梗中长而细，平均长度0.62cm；梗洼深、窄，萼片紫红色，宿存，半张开；萼筒小，漏斗形，果心中大，果心线明显。子室3~5个，倒心脏形。果核纵径一般0.85cm、横径0.53cm，果核3~5枚，褐色。果实风味酸甜，果肉松软，粉红色，微酸稍涩。

3. 生物学特性

生长势中等，发枝力强，萌芽力强，中心主干生长弱，徒长枝数目少，萌芽始期3月下旬，始花期5月上中旬，果实成熟期9月下旬，11月初落叶，营养生长期220天左右，果实生长期120天左右。定植后4年见果，第10年进入盛果期，全树坐果，坐果力弱，连续结果能力强，全树一致成熟，成熟期落果多，一季结果，花期和成熟期都早。成熟期落果轻微。采前落果多。大小年显著。

品种评价

品种高产，耐贫瘠，适应性广，果实可食用，不耐贮运。

植株

叶片

果实

丰收红

Crataegus pinnatifida Bunge
'Fengshouhong'

调查编号： LITZDWX007

所属树种： 山楂 *Crataegus pinnatifida* Bunge

提 供 人： 董文轩
电　　话： 13898813246
住　　址： 辽宁省沈阳市沈河区东陵路120号

调 查 人： 王爱德
电　　话： 18204071798
单　　位： 沈阳农业大学园艺学院

调查地点： 辽宁省沈阳市沈阳农业大学科研基地

地理数据： GPS数据（海拔：55m，经度：E123°34'18"，纬度：N41°49'18"）

样本类型： 果实、枝条、叶片

生境信息

来源于地方，常生长在山坡和河边树林中。保存于沈阳农业大学科研基地。

植物学信息

1. 植株情况

乔木，高达3～5m，干高40cm，干周30cm；树势强，直立生长，树冠圆头形，树皮粗糙，灰色或褐色；树姿半开张，主干灰色，枝条密集。

2. 植物学特征

1年生枝条稍有光泽，红褐色，新梢平均长30cm，粗细中等；2年生枝条红褐色，无枝刺，通直生长；叶片浓绿色，光泽度中等，边缘通常有锯齿，叶柄细短，无毛。

3. 果实经济性状

果实整齐、中等大小，圆形，平均果重6.7g，最大果重达10.3g；果皮红色，果实表面有光泽，果点小，黄褐色，萼片宿存，半张开；萼筒中等大小，圆锥形；果梗浅褐色，中长，含核5枚，种仁小，种皮褐色；果肉粉白色，松软，酸甜适口。

4. 生物学特性

生长势强，成枝力27.3%，萌芽力57.3%，中心主干生长弱，徒长枝数目少，以中短结果枝为主，萌芽始期4月中旬，始花期5月下旬，8月中旬果实着色，果实成熟期9月下旬。定植后3年见果，第10年进入盛果期，全树坐果，坐果力弱，连续结果能力强，成熟期落果轻微。采前落果多。大小年显著。果实生育期为130～140天。

品种评价

该品种高产，抗寒，适应性广，果实可食用。

植株

叶片

果实

果实

古红

Crataegus pinnatifida Bunge 'Guhong'

调查编号：LITZDWX008

所属树种：山楂 *Crataegus pinnatifida* Bunge

提 供 人：董文轩
电　　话：13898813246
住　　址：辽宁省沈阳市沈河区东陵路120号

调 查 人：王爱德
电　　话：18204071798
单　　位：沈阳农业大学园艺学院

调查地点：辽宁省沈阳市沈阳农业大学科研基地

地理数据：GPS数据（海拔：55m，经度：E123°34'18"，纬度：N41°49'18"）

样本类型：枝条、花、叶片、果实

生境信息

来源于吉林省吉安县的地方品种，常生长在山坡和河边树林中。保存于沈阳农业大学科研基地。

植物学信息

1. 植株情况

灌木或乔木，高达2~4m，干高35cm，干周30cm。树势中等，直立生长，树冠圆头形，树皮粗糙，灰色或褐色；树姿半开张，主干灰色，枝条密集。

2. 植物学特征

1年生枝条有光泽，褐色，长30cm，粗细中等，节间长1~2.5cm；2年生枝条褐色，无枝刺，通直生长；叶片宽卵形，浓绿色，光泽度中等，先端急尖，基部楔形，边缘通常有锯齿，叶柄细短，长1.5~2.5cm，无毛。

3. 果实经济性状

果实大小中等、整齐，纵径2.42cm、横径2.55cm，平均果重7.8g，圆形；果皮暗红色，果实表面有光泽，果点中大，黄褐色；萼片宿存，褐色，聚合且半张开；萼筒中大，圆锥形；果梗浅绿褐色，中长，含核5枚，种仁小，种皮褐色；两侧有凹痕；果肉致密，淡黄色，酸甜适口。可溶性糖含量7.2%，酸含量2.72%。

4. 生物学特性

生长势中等，萌芽力强，发枝力强，中心主干生长弱，徒长枝数目少，萌芽始期4月下旬，始花期5月下旬，6月初盛花，花期7~10天，果实成熟期10月中旬。定植后3年见果，第10年进入盛果期，长果枝比例为15%，中果枝比例为35%，短果枝比例为50%；全树坐果，坐果力弱，连续结果能力强，花期和成熟期都早。成熟期落果轻微。采前落果多。大小年显著。

品种评价

该品种高产，耐贫瘠，抗寒，适应性广，果实可食用，适于密植。

植株

叶片

果实

寒丰

Crataegus pinnatifida Bunge 'Hanfeng'

调查编号：LITZDWX009

所属树种：山楂 *Crataegus pinnatifida* Bunge

提 供 人：董文轩
电　　话：13898813246
仨　　址：辽宁省沈阳市沈河区东陵路120号

调 查 人：王爱德
电　　话：18204071798
单　　位：沈阳农业大学园艺学院

调查地点：辽宁省沈阳市沈阳农业大学科研基地

地理数据：GPS数据（海拔：55m，经度：E123°34'18"，纬度：N41°49'18"）

样本类型：果实、枝条、果实

生境信息

来自辽宁省桓仁满族自治县，保存于沈阳农业大学科研基地。

植物学信息

1. 植株情况

树高3～5m，树势强，树姿开张，干高30cm，干周24cm。树皮粗糙，灰白色，块状裂，枝条密集。

2. 植物学特征

1年生枝条光滑，紫褐色或紫红色，无毛或近无毛，较长，粗细中等，节间长1～2.5cm；2年生枝条灰白色，通直生长；叶片广卵圆形，浓绿色，光泽度中等，正面背面均无茸毛，叶缘锯齿粗锐，叶基宽楔形，叶柄长2～4cm。

3. 果实经济性状

果实大小整齐、近圆形，中等大小，平均横径2.42cm、纵径2.03cm，平均单果重8.4g；果皮鲜红色，有光泽，果点大小中等，黄褐色，表面纹理粗糙，梗基一侧瘤起；梗洼浅、广，萼洼广，萼筒漏斗形，萼片三角形，姿态开张反卷；果实风味酸甜，果肉细腻，粉红色，成熟期居中，可食率82.4%；总糖10.63%，总酸4.86%。

4. 生物学特性

成枝力中等，生长势弱，萌芽力弱，新梢生长量居中，长果枝比例为10%，中果枝比例为40%，短果枝比例为50%；定植后4年见果，10年左右进入盛果期，3月下旬萌芽，4月中下旬开花，10月中旬果实成熟；生理落果居中，采前落果较多，丰产，大小年不显著。

品种评价

该品种是高产、稳产，抗寒性强的品种之一，适于食用和加工。

叶片

枝条

植株

果实

寒露红

Crataegus pinnatifida Bunge 'Hanluhong'

调查编号：LITZDWX010

所属树种：山楂 *Crataegus pinnatifida* Bunge

提 供 人：董文轩
电　　话：13898813246
住　　址：辽宁省沈阳市沈河区东陵路120号

调 查 人：王爱德
电　　话：18204071798
单　　位：沈阳农业大学园艺学院

调查地点：辽宁省沈阳市沈阳农业大学科研基地

地理数据：GPS数据（海拔：55m，经度：E123°34'18"，纬度：N41°49'18"）

样本类型：枝条、花、叶片、果实

生境信息

来源于北京市房山区，保存于沈阳农业大学科研基地。

植物学信息

1. 植株情况

树高2m，干高30cm，干周30cm，树势弱，树姿开张，主干灰色，树皮块状裂，枝条密集。

2. 植物学特征

1年生枝条挺直、短，紫红色，节间平均长1.6cm，多年生枝条灰褐色。叶片卵圆形，叶尖渐尖，叶片浓绿色，叶面粗糙；叶边锯齿粗大且锐利、整齐、单生；叶缘波状，叶与枝条成锐角；平均叶柄长4.2cm。

3. 果实经济性状

果实大小整齐，倒卵圆形，最大果重10.6g，平均重7.7g；果实底色红色，果面粗糙、果粉少、有光泽、有棱起、无锈斑、蜡质多；果点密、大且凸起，果梗短粗，上下粗细均匀；梗洼浅、窄，萼片宿存，三角形，果肉致密且硬，汁液少，风味酸甜，味浓郁，品质极佳。果实含可溶性糖9.38%、可滴定酸3.63%，维生素C含量为91.0mg/100g。

4. 生物学特性

萌芽力强，发枝力弱，生长势弱，全树坐果，坐果力强，丰产。自交亲和力极低，为3.8%，自然授粉坐果率为21.2%。1年生枝条平均长27cm，有中心干，骨干枝分枝角度30°，徒长枝数目少。本地3月末萌芽，5月上旬开花，10月中旬果实成熟；定植后3年见果，第7~8年进入盛果期；连续结果能力强，成熟期一致，落果轻微，丰产，大小年不显著。

品种评价

该品种丰产，抗病，适应性强，果实品质中上，果实可食用或入药。

植株

枝条

果实

黄宝峪 1 号

Crataegus pinnatifid Bunge
'Huangbaoyu 1'

- 调查编号：LITZDWX012

- 所属树种：山楂 *Crataegus pinnatifida* Bunge

- 提 供 人：董文轩
  电　　话：13898813246
  住　　址：辽宁省沈阳市沈河区东陵路120号

- 调 查 人：王爱德
  电　　话：18204071798
  单　　位：沈阳农业大学园艺学院

- 调查地点：辽宁省沈阳市沈阳农业大学科研基地

- 地理数据：GPS数据（海拔：55m，经度：E123°34'18"，纬度：N41°49'18"）

- 样本类型：枝条、花、叶片、果实

生境信息

来源于河北省隆化县，保存于沈阳农业大学科研基地。

植物学信息

1. 植株情况

乔木，树高3m，有针刺，干高60～100cm，干周40cm。树皮粗糙，灰色或褐色；树势弱，树姿开张，主干褐色，树皮块状裂，枝条密集。

2. 植物学特征

1年生枝条光滑，红褐色，无毛或近无毛，较长，粗细中等，节间长1～3.5cm；2年生枝条灰色；叶片广卵圆形，浅绿色，光泽度中等，正面背面均无茸毛，叶基宽楔形，叶柄长2～6cm，无毛。

3. 果实经济性状

果实大小整齐、圆形，较大，平均横径2.12cm、纵径2.03cm，平均单果重8.1g；果皮深红色，有光泽，果点大且少，金黄色，果面有光泽，表面纹理粗糙；梗基一侧瘤起，梗洼浅、广，萼洼广，萼筒漏斗形，萼片三角形，姿态开张反卷；果实风味酸甜，果肉致密，黄色，成熟期居中，可食率84.3%。

4. 生物学特性

成枝力弱，生长势强，萌芽力强，新梢生长量居中，长果枝比例为10%，中果枝比例为40%，短果枝比例为50%；定植后4年见果，10年左右进入盛果期，3月下旬萌芽，4月中下旬开花，10月中旬果实成熟；生理落果居中，采前落果较多。丰产，大小年不显著。

品种评价

高产，耐贫瘠，适应性广，晚熟，嫁接品种亲和力强，丰产性好，果可食用。主要病虫害种类为山楂红蜘蛛、梨小食心虫，对桃小食心虫有较强抗性。

枝条

叶片

果实

京短 1 号

Crataegus pinnatifida Bunge 'Jingduan 1'

调查编号：LITZDWX015

所属树种：山楂 *Crataegus pinnatifida* Bunge

提 供 人：董文轩
电　　话：13898813246
住　　址：辽宁省沈阳市沈河区东陵路120号

调 查 人：王爱德
电　　话：18204071798
单　　位：沈阳农业大学园艺学院

调查地点：辽宁省沈阳市沈阳农业大学科研基地

地理数据：GPS数据（海拔：55m，经度：E123°34'18"，纬度：N41°49'18"）

样本类型：果实、枝条

生境信息
来源于北京市，常生长在山坡和河边树林中。保存于沈阳农业大学科研基地。

植物学信息
1. 植株情况
树高3～5m，干高40cm，干周30cm；树势强，直立生长，树皮粗糙，灰色或褐色；树姿半开张，主干灰色，枝条密集。
2. 植物学特征
1年生枝条稍有光泽，红褐色，新梢平均长21cm，粗细中等；2年生枝条红褐色，无枝刺，通直生长；叶片浓绿色，光泽度中等，边缘通常有锯齿，叶柄细短，无毛。
3. 果实经济性状
果实大小整齐、较大，扁圆形，平均果重10.1g；果皮深红色，果实表面有光泽，果点大，黄褐色；果肉绿白色，致密，酸甜适口；果实含可溶性糖8.59%、可滴定酸3.27%，维生素C含量49.11mg/100g。
4. 生物学特性
生长势强，成枝力中等，萌芽力强，中心主干生长弱，徒长枝数目少，营养枝短而粗，自交亲和力较低，自然授粉坐果率为49.5%。萌芽始期4月中旬，始花期5月上旬，果实成熟期10月下旬。定植后3年见果，第10年进入盛果期，全树坐果，连续结果能力强，全树一致成熟，成熟期落果多，一季结果，成熟期落果轻微，采前落果多。

品种评价
该品种树体紧凑，结果早，高产，耐盐碱，耐贮运，抗白粉病，适应性广，果实可食用。

植株

叶片

果实

白瓤绵

Crataegus pinnatifida Bunge 'Bairangmian'

调查编号：LITZWAD037

所属树种：山楂 *Crataegus pinnatifida* Bunge

提供人：董文轩
电　话：13898813246
住　址：辽宁省沈阳市沈河区东陵路120号

调查人：王爱德
电　话：18204071798
单　位：沈阳农业大学园艺学院

调查地点：辽宁省沈阳市沈阳农业大学科研基地

地理数据：GPS数据（海拔：226m，经度：E123°34'18"，纬度：N41°49'18"）

样本类型：植株、果实、叶片、枝条

生境信息

该品种保存于沈阳农业大学科研基地，土壤为黏土。

植物学信息

1. 植物情况

树冠圆锥形，树姿直立，树皮光滑，枝条较密，主干褐色。

2. 植物学特性

1年生枝条红褐色，具蜡光，滋生茸毛，茸毛灰色；皮孔大小适中，椭圆形；多年生枝条灰褐色；叶尖渐尖，叶片浓绿色，叶面粗糙；叶边锯齿粗大、整齐、单生；有齿上针刺；叶缘波状，叶与枝条成锐角；每花序20～30朵花，花瓣5枚。先展叶后开花。

3. 果实经济性状

果皮红色，果点多，黄色，果面粗糙；梗洼浅，萼片三角形，果肉绿色，甜酸、松软，耐储藏；果梗短粗，上下粗细均匀；梗洼浅、窄，萼片宿存，三角形。种子数5粒，饱满。

4. 生物学特性

根系分布旺，易萌根蘖。树势强健，枝条直立，硬脆。萌芽力中等，发枝力强。1年生枝条细弱，幼树易成花，结果早。定植后2年见果，第4年全树见果；4月中旬萌芽，5月下旬开花，10月中、下旬果实成熟。花期和落叶期都集中。

品种评价

该品种较抗寒，适应性广，丰产稳产；果实耐储藏，果实的鲜食与加工品质良好。

植株

枝条

叶片

果实

果实

敞口

Crataegus pinnatifida Bunge 'Changkou'

调查编号：LITZWAD036

所属树种：山楂 *Crataegus pinnatifida* Bunge

提 供 人：董文轩
电　　话：13898813246
住　　址：辽宁省沈阳市沈河区东陵路120号

调 查 人：王爱德
电　　话：18204071798
单　　位：沈阳农业大学园艺学院

调查地点：辽宁省沈阳市沈阳农业大学科研基地

地理数据：GPS数据（海拔：265m，经度：E123°34'18"，纬度：N41°49'18"）

样本类型：植株、枝条、叶片、果实

生境信息

该品种为山东省中部山区的地方品种，保存于沈阳农业大学科研基地，土壤为黏土。

植物学信息

1. 植株情况

树冠圆锥形，树姿直立，树皮光滑，枝条较密。

2. 植物学特性

1年生枝条红褐色，有光泽，滋生茸毛，茸毛灰色；皮孔大小适中，椭圆形，长度适中，多年生枝条灰褐色；叶片近圆形，叶尖渐尖，叶片浓绿色，叶面粗糙；叶边锯齿粗大且锐利、整齐、单生；有齿上针刺；叶缘波状，叶与枝条成锐角；叶芽大小适中，三角形，茸毛适中，离生；花芽肥大，尖卵形，鳞片松；伞状花序，每花序20～30朵花，花瓣5枚。先展叶后开花。

3. 果实性状

果实扁圆形，大小整齐，平均单果重10.1g，最大单果重17g；果皮红色，果肉深红色，甜酸，细腻，耐储藏；果点小且密，黄褐色；果实可食用面积大，含水量72.5%，出干率36.9%；果梗细长，有毛，基部渐粗；果面粗糙、果粉少、有光泽、有棱起、无锈斑；梗洼浅、窄，萼片宿存，开张而反转，萼筒大，漏斗形。种子数5粒，饱满。

4. 生物学习性

萌芽力强，发枝力强。1年生枝条生长势强，树姿半开张，纺锤形；自交亲和率低，每花序坐果数为7个。枝条连续坐果力强，定植后3年开始结果，第10年进入盛果期；4月中旬萌芽，5月下旬开花，10月上旬果实成熟。全树坐果，坐果力弱，采前落果多。

品种评价

该品种较抗寒，适应性广，丰产稳产；果实耐储藏，可食率可达89.1%，果实的鲜食与加工品质良好。

植株　枝条　叶片　果实

红口

Crataegus pinnatifida Bunge 'Hongkou'

○ 调查编号：LITZWAD035

■ 所属树种：山楂 *Crataegus pinnatifida* Bunge

▤ 提 供 人：董文轩
　　电　　话：13898813246
　　住　　址：辽宁省沈阳市沈河区东陵路120号

▤ 调 查 人：王爱德
　　电　　话：18204071798
　　单　　位：沈阳农业大学园艺学院

◉ 调查地点：辽宁省沈阳市沈阳农业大学科研基地

⊕ 地理数据：GPS数据（海拔：233m，经度：E123°34'18"，纬度：N41°49'18"）

▣ 样本类型：植株

生境信息

该品种为山东省地方品种，保存于沈阳农业大学科研基地，土壤为黏土。

植物学信息

1. 植株情况

树冠圆锥形，树姿直立，树皮光滑，枝条较密，主干黑色。

2. 植物学特性

1年生枝条黄褐色，皮孔大小适中，椭圆形，长度适中，多年生枝条灰褐色；叶片近圆形，叶尖渐尖，叶片浓绿色，叶面粗糙；叶边锯齿粗大且锐利、整齐、单生；有齿上针刺；叶缘波状，叶与枝条成锐角；叶芽大小适中，三角形，茸毛适中，离生；花芽肥大，尖卵形，鳞片松；伞状花序，每花序20~30朵花，花瓣5枚。先展叶后开花。

3. 果实性状

果实扁圆形，大小整齐；果皮浅红色，甜酸，细腻，耐储藏；果面粗糙、果粉少、有棱起、有锈斑；果点多、小且凸起，果梗短粗，上下粗细均匀；梗洼浅、宽，萼片宿存，三角形。种子数5粒，饱满。

4. 生物学习性

萌芽力强，发枝力强。1年生枝条弱。定植后3年开始结果；4月中旬萌芽，5月下旬开花，10月中旬果实成熟。全树坐果，坐果力强，采前落果少。

品种评价

该品种较抗寒，适应性广，丰产稳产；果实耐储藏，果实的鲜食与加工品质良好。

植株

叶片

果实

歪把红

Crataegus pinnatifida Bunge 'Waibahong'

调查编号： LITZWAD034

所属树种： 山楂 *Crataegus pinnatifida* Bunge

提 供 人： 董文轩
电　　话： 13898813246
住　　址： 辽宁省沈阳市沈河区东陵路120号

调 查 人： 王爱德
电　　话： 18204071798
单　　位： 沈阳农业大学园艺学院

调查地点： 辽宁省沈阳市沈阳农业大学科研基地

地理数据： GPS数据（海拔：206m，经度：E123°34'18"，纬度：N41°49'18"）

样本类型： 植株

生境信息

该品种为山东省平邑县、临沂市等地栽培的地方品种，保存于沈阳农业大学科研基地，土壤为黏土。

植物学信息

1. 植株情况
树冠圆锥形，树姿直立，树姿半开张，树皮光滑，枝条较密。

2. 植物学特征
1年生枝条黄色，皮孔大小适中，椭圆形，长度适中，多年生枝条灰褐色；枝条短粗，节间平均长2.3cm。叶片近圆形，叶尖钝尖，叶片浓绿色，叶面粗糙；叶边锯齿粗大且锐利、整齐、单生；有齿上针刺；叶缘波状，叶与枝条成锐角；叶芽大小适中，三角形，茸毛适中，离生；花芽肥大，尖卵形，鳞片松；伞状花序，每花序20～30朵花，花瓣5枚。先展叶后开花。

3. 果实性状
果实倒卵圆形，基部膨大，不整齐，平均单果重11.2g；果皮红色，果肉乳白色，甜酸、细腻，耐储藏；果实底色，深红色，果面光滑、果粉少、有光泽、有棱起、无锈斑；果点多、大且凸起，果梗短粗，上下粗细均匀。种子数5粒，饱满。果实含可溶性糖9.5%、可滴定酸3.02%。

4. 生物学习性
萌芽力强，发枝力强。定植后3年开始结果；4月中旬萌芽，5月下旬开花，10月中旬果实成熟。树形紧密，易早期丰产。

品种评价

该品种较抗寒，适应性广，丰产稳产；果实耐储藏，果实的鲜食与加工品质良好。

植株

叶片

枝条

果实

大绵球

Crataegus pinnatifida Bunge 'Damianqiu'

调查编号：LITZWAD032

所属树种：山楂 *Crataegus pinnatifida* Bunge

提 供 人：董文轩
电　　话：13898813246
住　　址：辽宁省沈阳市沈河区东陵路120号

调 查 人：王爱德
电　　话：18204071798
单　　位：沈阳农业大学园艺学院

调查地点：辽宁省沈阳市沈阳农业大学科研基地

地理数据：GPS数据（海拔：249m，经度：E123°34'18"，纬度：N41°49'18"）

样本类型：植株

生境信息

该品种是山东省费县、临沂市等地的地方品种，保存于沈阳农业大学科研基地，土壤为黏土。

植物学信息

1. 植株情况

树冠近圆形，树姿直立，树势开张，树皮光滑，枝条较密，主干黑褐色。

2. 植物学特性

1年生枝条黄色，滋生茸毛，茸毛灰色；皮孔大小适中，椭圆形，多年生枝条灰褐色；叶片近圆形，叶尖钝尖，叶片浓绿色，叶面粗糙；叶边锯齿粗、整齐、单生；叶缘波状，叶与枝条成锐角；叶芽大小适中，三角形，茸毛适中，离生；花芽肥大，尖卵形，鳞片松；伞状花序，每花序20~30朵花，花瓣5枚。先展叶后开花。

3. 果实性状

果实扁圆形，大小整齐，平均单果重10.6g，最大果重18.2g；果皮橙红色，果肉橙黄色，甜酸适中，肉质细腻，耐储藏；果面光滑、果粉少、有光泽、有棱起、无锈斑；果点多、大，白色，果梗长，上下粗细均匀；梗洼浅、窄，萼片残存，三角形。种子数5粒，饱满。果实含可溶性糖8.12%、可滴定酸3.08%。

4. 生物学习性

萌芽力强，发枝力强。树姿开张，自交亲和力低，为4.3%；定植后3年见果；4月中旬萌芽，5月下旬开花，9月中、下旬果实成熟。全树坐果，坐果力适中。

品种评价

该品种较抗寒，适应性强，抗白粉病和花腐病。丰产稳产；果实耐储藏，果实的鲜食与加工品质良好。

植株

叶片

枝条

果实

早红

Crataegus pinnatifida Bunge 'Zaohong'

调查编号： LITZWAD031

所属树种： 山楂 *Crataegus pinnatifida* Bunge

提 供 人： 董文轩
电　　话： 13898813246
住　　址： 辽宁省沈阳市沈河区东陵路120号

调 查 人： 王爱德
电　　话： 18204071798
单　　位： 沈阳农业大学园艺学院

调查地点： 辽宁省沈阳市沈阳农业大学科研基地

地理数据： GPS数据（海拔：226m，经度：E123°34'18"，纬度：N41°49'18"）

样本类型： 植株

生境信息

该品种源于山东省，保存于沈阳农业大学科研基地，土壤为黏土。

植物学信息

1. 植株情况

早红树冠圆锥形，树姿直立，树势开张，树皮光滑。

2. 植物学特性

1年生枝条黄色，滋生茸毛，茸毛灰色；皮孔小，椭圆形，长度适中，多年生枝条灰褐色；叶尖渐尖，叶片浓绿色，叶面粗糙；叶边锯齿粗、整齐、单生；有齿上针刺；叶缘波状，叶与枝条成锐角；叶芽大小适中，三角形，茸毛适中，离生；花芽肥大，尖卵形，鳞片松；伞状花序，每花序20~30朵花，花瓣5枚。先展叶后开花。

3. 果实性状

果实扁圆形，大小整齐；果皮红色，甜酸、细腻、耐储藏；果面光滑、果粉少、有光泽、有棱起；果点多、大小适中，且凸起，果梗长度适中，上下粗细均匀；梗洼浅、窄，萼片宿存，三角形。种子数5粒，饱满。

4. 生物学习性

萌芽力强，发枝力强。1年生枝条生长健壮；定植后3年开始结果；4月中旬萌芽，5月下旬开花，10月上旬果实成熟。全树坐果，坐果力弱，采前落果多。

品种评价

该品种较抗寒，适应性广，丰产稳产；果实耐储藏，果实的鲜食与加工品质良好。

植株

枝条

叶片

果实

小面山里红

Crataegus pinnatifida Bunge
'Xiaomianshanlihong'

调查编号： LITZSHW001

所属树种： 山楂 *Crataegus pinnatifida* Bunge

提 供 人： 李旺
电 话： 18530982362
住 址： 吉林省吉林市昌邑区左家镇

调 查 人： 宋宏伟
电 话： 13843426693
单 位： 吉林省农业科学院果树研究所

调查地点： 吉林省吉林市昌邑区左家镇

地理数据： GPS数据（海拔：44m，经度：E126°08'34.87"，纬度：N44°01'14.74"）

样本类型： 植株、果实、枝条、花

生境信息

小面山里红是吉林省吉林市昌邑区左家镇当地田间品种，生长在平地上，种植年限为10年，现存1株。

植物学信息

1. 植株情况

多年生乔木，树势弱，树姿直立，树形圆头形，树高5.5m，冠幅东西4.2m、南北4.1m，干高1.0m，干周49cm，主干灰色，树皮有丝状裂口，枝条密度中等。

2. 植物学特性

1年生枝条黄色，长度中等，节间平均长3.25cm，粗1.1cm，多年生枝条褐色，叶芽居中，卵圆形，花芽肥大，球形，叶片长9.9cm、宽11.5cm，卵形。

3. 果实经济性状

果实纵径1.1cm、横径1.2cm，平均果重3.1g，最大果重3.74g，果实大小中等，扁圆形；果皮红色，果面光滑；果肉淡红色，口感甜、味淡、品质下等；果心居中，种子数5粒。可溶性固形物含量6.7%。

4. 生物学特性

树势较强，萌芽力中等，成枝力较弱。新梢生长量强，1年生枝条平均长26cm，中心干生长弱，骨干枝分枝角度40°，徒长枝数目少，萌芽力弱，发枝力弱，4月中旬萌芽，始花期5月下旬，果实成熟期10月下旬，营养生长期175天左右，果实生长期130天左右；自交亲和力低，自交亲和率达到14.5%。定植后3年见果，第10年进入盛果期，长果枝比例为15%，中果枝比例为35%，短果枝比例为50%；全树坐果，坐果力强，连续结果能力强，一季结果，花期和成熟期较晚。采前落果多。大小年不显著。

品种评价

高产，耐贫瘠，适应性广，晚熟，嫁接品种亲和力强，丰产性好，果可食用，适于鲜食和加工。主要虫害种类为山楂红蜘蛛、梨小食心虫。

植株

枝条

花

果实

大果山里红

Crataegus pinnatifida
Bunge 'Daguoshanlihong'

调查编号：LITZSHW002

所属树种：山楂 *Crataegus pinnatifida*
Bunge

提 供 人：张军
电　　话：13137725825
住　　址：吉林省集安市青石镇黄柏村

调 查 人：宋宏伟
电　　话：13843426693
单　　位：吉林省农业科学院果树研
　　　　　究所

调查地点：吉林省集安市青石镇黄柏村

地理数据：GPS数据（海拔：178m，
经度：E126°21'17.89"，纬度：N41°1647.82"）

样本类型：植株、枝条、主干、生境

生境信息

来源于当地，生于田间，平地。种植年限为10年。

植物学信息

1. 植株情况

乔木，树势弱，树姿直立，树冠椭圆形；树高4.8m，冠幅东西3.8m、南北3.7m，干高1.0m，干周42cm；主干灰色；树皮丝状裂；枝条密度中等。

2. 植物学特性

1年生枝条黄色；多年生枝条灰褐色。叶芽卵圆形；花芽肥大，球形；叶片卵形，大小中等，长9.8cm、宽10.5cm。

3. 果实经济性状

果实纵径1.0cm、横径1.2cm，平均粒重2.9g，最大果重3.94g；卵圆形；果皮红色，果面光滑；果肉淡红色，汁液极少，风味淡而微甜。可溶性固形物含量5.8%。

4. 生物学特性

树势较强，萌芽力中等，成枝力较弱。新梢生长量中等，新梢一年平均长18cm，中心主干生长弱，骨干枝分枝角度40°，徒长枝数目少，4月中旬开始萌芽，5月下旬开花，9月下旬果实成熟，10月下旬落叶，营养生长期180天左右，果实生长期120天左右；定植之后3年结果，第10年进入盛果期，长果枝比例为25%，中果枝比例为35%，短果枝比例为40%；全树坐果，坐果力强，连续结果能力强，成熟期一致。成熟期落果轻微。采前落果多，大小年不显著。

品种评价

高产，耐贫瘠，适应性广，晚熟，嫁接品种亲和力强，丰产性好，果可食用，适于鲜食和加工。主要病虫害种类为山楂红蜘蛛、梨小食心虫。

生境

植株

主干

枝条

甜面山里红

Crataegus pinnatifida Bunge
'Tianmianshanlihong'

调查编号： LITZSHW003

所属树种： 山楂 *Crataegus pinnatifida* Bunge

提 供 人： 王鹏
电　　话： 18637166322
住　　址： 吉林省磐石市黑石镇腰街村

调 查 人： 宋宏伟
电　　话： 13843426693
单　　位： 吉林省农业科学院果树研究所

调查地点： 吉林省磐石市黑石镇腰街村

地理数据： GPS数据（海拔：332m，
经度：E126°29′17.89″，纬度：N42°49′48.89″）

样本类型： 植株、果实

生境信息

甜面山里红是吉林省磐石市黑石镇腰街村当地田间品种，生在在平地上，种植年限为10年，现存1株。

植物学信息

1. 植株情况

多年生乔木，树势弱，树姿直立，树高5.2m，冠幅东西3.8m、南北3.9m，干高1.0m，干周46cm，主干灰色，树皮有丝状裂口，枝条密度中。

2. 植物学特征

1年生枝条黄色，长度中等，节间平均长3.47cm，粗1.1cm，多年生枝条灰褐色，叶芽居中，卵圆形，花芽肥大，球形，叶片长9.4cm、宽10.52cm，卵形。

3. 果实经济性状

果实纵径1.20cm、横径1.40cm，平均果重3.4g，最大果重4.04g，果实大小居中，扁圆形；果皮红色；果肉淡红色，口感甜、味淡、品质差，种子数5粒。可溶性固形物含量5.8%。

4. 生物学特性

树势较强，萌芽力中等，成枝力较弱。新梢生长量强，1年生枝条平均长26cm，中心干生长弱，骨干枝分枝角度40°，徒长枝数目少，4月中旬萌芽，5月下旬开花，9月下旬果实成熟，10月下旬落叶，营养生长期200天左右，果实生长期150天左右；自交亲和率14.5%。定植后3年见果，第10年进入盛果期。长果枝比例为15%，中果枝比例为25%，短果枝比例为60%；全树坐果，坐果力强，连续结果能力强，成熟期一致，落果多，一季结果。大小年不显著。

品种评价

高产，耐贫瘠，适应性广，晚熟，嫁接亲和力强，丰产性好，果可食用，可药用和加工。主要虫害种类为山楂红蜘蛛、梨小食心虫。

植株

果实

紫面山里红

Crataegus pinnatifida Bunge
'Zimianshanlihong'

🆔 调查编号：LITZSHW004

🌳 所属树种：山楂 *Crataegus pinnatifida* Bunge

📄 提 供 人：王鹏
电　　话：18637166322
住　　址：吉林省磐石市黑石镇腰街村

📋 调 查 人：宋宏伟
电　　话：13843426693
单　　位：吉林省农业科学院果树研究所

📍 调查地点：吉林省磐石市黑石镇腰街村

🌐 地理数据：GPS数据（海拔：332m，
经度：E126°29'17.85"，纬度：N42°49'48.89"）

🖼 样本类型：果实、植株

📋 生境信息

来源于当地，田间种植，土壤质地为黏壤土。

📋 植物学信息

1. 植株情况

乔木，树势弱，直立生长，树形为半圆形。树高5.6m，冠幅东西4.3m、南北4.2m，干高1.0m，干周51cm。主干灰色，树皮丝状裂，枝条密度中等。

2. 植物学特性

1年生枝条黄色，节间长平均3.36cm，平均粗1.1cm；多年生枝条灰褐色；叶芽大小中等，球形；花芽球形，饱满；叶片大小中等，长10.2cm、宽11.5cm，卵形。

3. 果实经济性状

果实纵径1.1cm、横径1.3cm，平均粒重3.3g，最大果重3.94g；扁圆形；果实底色红色，果面光滑，果肉淡红色，果心中等，种子数5粒，果实风味甜。可溶性固形物含量6.1%。

4. 生物学特性

树势较强，萌芽力中等，成枝力较弱。新梢生长量强，1年生枝条平均长27cm，中心干生长弱，骨干枝分枝角度40°，徒长枝数目少，4月中旬萌芽，5月下旬开花，9月下旬果实成熟，10月下旬落叶，营养生长期200天左右，果实生长期150天左右；自交亲和力较高，自交亲和率达到21.5%。定植后4年见果，第10年进入盛果期，长果枝比例为10%、中果枝比例为45%、短果枝比例为45%；全树坐果，坐果力强，连续结果能力强，成熟期一致，一季结果，花期和成熟期都晚。采前落果多。大小年不显著。

📋 品种评价

高产，耐贫瘠，适应性广，晚熟，嫁接品种亲和力强，丰产性好，果可食用，可药用和加工。主要虫害种类为山楂红蜘蛛、梨小食心虫。

果实

植株

面山里红

Crataegus pinnatifida
Bunge 'Mianshanlihong'

调查编号：LITZSHW005

所属树种：山楂 *Crataegus pinnatifida* Bunge

提 供 人：张军
电　　话：13137725825
住　　址：吉林省集安市青石镇黄柏村

调 查 人：宋宏伟
电　　话：13843426693
单　　位：吉林省农业科学院果树研究所

调查地点：吉林省集安市青石镇黄柏村

地理数据：GPS数据（海拔：178m，经度：E126°21'17.89"，纬度：N41°16'47.82"）

样本类型：植株、果实

生境信息

来源于当地，田间种植，土壤质地为黏壤土。

植物学信息

1. 植株情况

繁殖方法为嫁接，树势弱，树姿直立，树形扁圆形，树皮丝状裂，枝条密度中度，树高5.4m，冠幅东西3.8m、南北3.8m，干高1.0m，干周42cm；主干灰色。

2. 植物学特性

1年生枝条黄色，多年生枝条灰褐色；叶片长9.8cm，宽11.5cm；叶片卵形，叶芽卵圆形，花芽球形。

3. 果实经济性状

果实大小中等，纵径1.0cm、横径1.2cm，平均粒重3.1g，最大果重3.94g，扁圆形，红色，果面光滑；果肉乳白色，果汁少，风味甜；果点多；果实表面有光泽，纹理粗糙；梗基平滑，梗洼平展，萼洼广，萼筒漏斗形，萼片三角形，姿态开张反卷；果肉绵软，风味淡甜，致密，黄色；种核5个，百核重20g。可溶性固形物含量5.6%，可滴定酸含量高，维生素C含量79.32mg/100g。

4. 生物学特性

树势较强，萌芽力中等，成枝力较弱。新梢生长量强，1年生枝条平均长27cm，中心干生长弱，骨干枝分枝角度40°，徒长枝数目少，4月中旬萌芽，5月下旬开花，9月下旬果实成熟，10月下旬落叶，营养生长期200天左右，果实生长期150天左右；自交亲和力较高，自交亲和率达到31.5%。定植后4年见果，第10年进入盛果期，长果枝比例为10%，中果枝比例为30%，短果枝比例为60%；全树坐果，坐果力强，连续结果能力强，成熟期一致，落果多，一季结果，花期和成熟期都晚。采前落果多。大小年不显著。

品种评价

高产，耐贫瘠，适应性广，晚熟，主要虫害种类为山楂红蜘蛛、梨小食心虫，果实可食用，有药用价值；对寒、旱、涝、瘠、盐、风、日灼等恶劣环境的抵抗能力较强。

植株

果实

晚面山里红

Crataegus pinnatifida Bunge
'Wanmianshanlihong'

調查编号：LITZSHW006

所属树种：山楂 *Crataegus pinnatifida* Bunge

提 供 人：李旺
电　　话：18530982362
住　　址：吉林省吉林市昌邑区左家镇

调 查 人：宋宏伟
电　　话：13843426693
单　　位：吉林省农业科学院果树研究所

调查地点：吉林省吉林市昌邑区左家镇

地理数据：GPS数据（海拔：44m，
经度：E126°08'34.87"，纬度：N44°01'14.73"）

样本类型：果实、植株

生境信息

晚面山里红是吉林省吉林市昌邑区左家镇当地田间品种，生长在平地上，种植年限为10年，现存1株。

植物学信息

1. 植株情况

多年生乔木，树势弱，树姿直立，树形纺锤形，树高4.8m，冠幅东西3.8m、南北3.7m，干高1.0m，干周42cm，主干灰色，树皮有丝状裂口，枝条密度中等。

2. 植物学特性

1年生枝条黄色，长度适中；节间平均长3.26cm、粗1.2cm，多年生枝条灰褐色；叶芽居中，卵圆形，花芽肥大，球形；叶片长9.6cm、宽10.5cm，卵形。

3. 果实经济性状

果实纵径1.1cm、横径1.30cm，平均单果重3.3g，最大果重3.9g，果实大小适中，扁圆形；果皮红色，果肉淡红色，口感甜、味淡，品质差；种子数5粒。可溶性固形物含量7.8%。

4. 生物学特性

树势较强，萌芽力中等，成枝力较弱。新梢生长量强，1年生枝条平均长25cm，中心干生长弱，骨干枝分枝角度40°，徒长枝数目少。3月中旬萌芽，5月下旬开花，10月下旬果实成熟，11月上旬落叶。营养生长期230天左右，果实生长期150天左右；自交亲和力较高，自交亲和率达到35.2%。定植后4年见果，第10年进入盛果期，长果枝比例为10%，中果枝比例为30%，短果枝比例为60%；全树坐果，坐果力强，连续结果能力强，成熟期一致，一季结果，花期和成熟期都晚。成熟期落果轻微。采前落果多。大小年不显著。

品种评价

高产，耐贫瘠，适应性广，晚熟，主要虫害种类为山楂红蜘蛛、梨小食心虫，果实可食用，有药用价值；对寒、旱、涝、瘠、盐、风、日灼等恶劣环境的抵抗能力较强。

植株

果实

赣榆 2 号

Crataegus pinnatifida Bunge 'Ganyu 2'

调查编号： LITZWAD030

所属树种： 山楂 *Crataegus pinnatifida* Bunge

提 供 人： 董文轩
电　　话： 13898813246
住　　址： 辽宁省沈阳市沈河区东陵路120号

调 查 人： 王爱德
电　　话： 18204071798
单　　位： 沈阳农业大学园艺学院

调查地点： 辽宁省沈阳市沈阳农业大学科研基地

地理数据： GPS数据（海拔：226m，经度：E123°34'18"，纬度：N41°49'18"）

样本类型： 植株、果实、叶片、枝条

生境信息

该品种为江苏省赣榆市地方品种，保存于沈阳农业大学科研基地，土壤为黏土。

植物学信息

1. 植株情况
树冠圆锥形，树姿直立，树皮光滑，枝条较密，主干黑色。

2. 植物学特征
1年生枝条黄色，滋生茸毛，茸毛灰色；皮孔大小适中，椭圆形，长度适中，多年生枝条灰褐色；叶片长11～13cm、宽8～10cm；叶片近圆形，叶尖渐尖，叶片浓绿色，叶面粗糙；叶边锯齿粗大且锐利、整齐、单生；有齿上针刺；叶缘波状，叶与枝条成锐角；叶芽大小适中，三角形，茸毛适中，离生；花芽肥大，尖卵形，鳞片松；伞状花序，每花序20～30朵花，花瓣5枚，花梗平均长1.7cm、绿色。先展叶后开花。

3. 果实性状
果实扁圆形，大小整齐，平均单果重9.0g；果皮深红色，果肉粉红色，甜酸、细腻、耐储藏；果实底色红色，果面粗糙、果粉少、有光泽、有棱起、无锈斑；果点多、大且凸起，果梗短粗，上下粗细均匀，梗洼浅、窄，萼片宿存，三角形。种子数5粒，饱满。果实含可溶性糖8.59%、可滴定酸1.63%。

4. 生物学习性
萌芽力强，发枝力强。1年生枝条细弱，树姿半开张，圆头形，自花授粉坐果率为17.5%；定植后3年开始结果；4月中旬萌芽，5月下旬开花，10月上旬果实成熟。全树坐果，坐果力弱，采前落果多。

品种评价

该品种较抗寒，适应性广，丰产稳产；果实耐储藏，可食率达86.15%，果实的鲜食与加工品质良好。

植株

叶片

枝条

果实

徐州大货

Crataegus pinnatifida
Bunge 'Xuzhoudahuo'

调查编号： LITZWAD005

所属树种： 山楂 *Crataegus pinnatifida* Bunge

提 供 人： 董文轩
电　　话： 13898813246
住　　址： 辽宁省沈阳市沈河区东陵路120号

调 查 人： 王爱德
电　　话： 18204071798
单　　位： 沈阳农业大学园艺学院

调查地点： 辽宁省沈阳市沈阳农业大学科研基地

地理数据： GPS数据（海拔：198m，经度：E123°34'18"，纬度：N41°49'18"）

样本类型： 植株

生境信息

该品种为江苏省徐州市地方品种，保存于沈阳农业大学科研基地，土壤为黏土。

植物学信息

1. 植株情况

树冠圆头形，树姿直立，树皮光滑，枝条较密，主干黑褐色。

2. 植物学特征

1年生枝条黄褐色，滋生茸毛，茸毛灰色；皮孔大小适中，椭圆形，白色；多年生枝条灰褐色；叶片近圆形，叶尖渐尖，叶面粗糙；叶边锯齿粗大且锐利、整齐、单生；叶缘波状，叶与枝条成锐角；叶芽大小适中，三角形，茸毛适中，离生；花芽肥大，尖卵形，鳞片松；伞状花序，每花序20～30朵花，花瓣5枚。先展叶后开花。

3. 果实性状

果实扁圆形，大小整齐，平均单果重9.4g；果皮深红色，果点大，果肉粉红色，甜酸，细腻，耐储藏。可食率87.2%；果面粗糙、果粉少、有棱起、无锈斑；果点适中、凸起，果梗长度适中，上下粗细均匀，梗洼浅、窄，萼片宿存，三角形。种子数5粒，饱满。可溶性糖含量为11%，可滴定酸含量为2.84%。

4. 生物学习性

树势强，萌芽力较强，成枝力较弱，花序着果率为99.7%，花朵着果率为77.8%，生育期168天。定植后4年见果，第10年进入盛果期。4月中旬萌芽，5月下旬开花，10月中旬果实成熟。全树坐果，采前落果多。

品种评价

该品种较抗寒，适应性广，丰产稳产；果实耐储藏，果实的鲜食与加工品质良好。

植株

叶片

枝条

果实

马家大队山楂

Crataegus pinnatifida Bunge
'Majiadaduishanzha'

⊙ 调查编号： LITZWAD033

🗂 所属树种： 山楂 *Crataegus pinnatifida* Bunge

📄 提 供 人： 洪欣
    电　　话：13998252622
    住　　址：沈阳农业大学108栋

📑 调 查 人： 王爱德
    电　　话：18204071798
    单　　位：沈阳农业大学园艺学院

📍 调查地点： 辽宁省沈阳市沈阳农业大学科研基地

🌐 地理数据： GPS数据（海拔：60m，经度：E123°34'18"，纬度：N41°49'18"）

🖼 样本类型： 植株

🗒 生境信息

该品种为辽宁省辽阳市地方品种，生于平地，土壤类型为壤土。保存于沈阳农业大学科研基地。

📋 植物学信息

1. 植株情况
树高3.1m，冠幅东西3.4m、南北3.2m，干高90cm，干周43cm。树势强，树姿开张，树冠扁圆形，树姿直立，树皮光滑，枝条较密。

2. 植物学特征
1年生枝条绿色，长度适中，粗度细，枝上无茸毛，嫩梢上茸毛灰色，皮孔大小适中，白色，椭圆形；多年生枝条赤褐色；叶尖渐尖，叶片浓绿色，叶面光滑；叶片长11cm、宽9cm，倒卵形，叶基圆形；叶面皱，有光泽，叶边锯齿钝、整齐、单生；叶缘波状，叶与枝条成锐角；花芽肥大，尖卵形，鳞片松；伞状花序，每花序20~30朵花，花瓣5枚，花梗平均长1.87cm，绿色；先展叶后开花。

3. 果实性状
果实扁圆形，大小整齐，纵径1.9cm、横径2.0cm，最大果重14g，平均果重11g；果皮深红色，果点大小适中，果肉粉色，甜酸，细腻，耐储藏；果实底色红色，果面粗糙、果粉多、有棱起；果梗短粗，上下粗细均匀。种子数5粒，饱满。果实含可溶性糖8%、可滴定酸1.63%。

4. 生物学习性
萌芽力中，发枝力强。1年生枝条细弱，树姿直立；定植后3年开始结果；4月中旬萌芽，5月下旬开花，10月上旬果实成熟。全树坐果，坐果力中等，采前落果多。

📑 品种评价

该品种较抗寒，适应性广，丰产稳产；果实耐储藏，果实的鲜食与加工品质较好。

植株

茎

叶片

花

果实

龙窝山里红 1号

Crataegus pinnatifida Bunge
'Longwoshanlihong 1'

🔘 调查编号：CAOSYLFQ001

📋 所属树种：山楂 *Crataegus pinnatifida* Bunge

📄 提 供 人：陆凤琴
电　　话：13833421695
住　　址：河北省承德市兴隆县林业局

📑 调 查 人：曹尚银、李好先、牛娟、薛辉
电　　话：13903834781
单　　位：中国农业科学院郑州果树研究所

📍 调查地点：河北省承德市兴隆县兴隆镇龙窝村

🌐 地理数据：GPS数据（海拔：735m，经度：E117°28'22"，纬度：N40°21'35"）

🖼 样本类型：枝条、花、叶片、果实

📋 生境信息

来源于当地，生于人工林的坡地，受耕作的影响土壤质地为砂土，现存1株，种植年限120年以上。

📑 植物学信息

1. 植株情况

树高14m，冠幅东西15m、南北16m，干高150cm，干周135cm，树势强，树姿开张，树形半圆形。主干灰色，树皮块状裂，枝条密集。

2. 植物学特征

1年生枝条挺直、短，紫红色，节间平均长2.6cm，多年生枝条灰褐色；叶芽卵圆形、茸毛少、离生；花芽肥大、球形、鳞片紧、茸毛多；叶片长12.5cm、宽8.5cm；叶片圆锥形，叶尖渐尖，叶片浓绿色，叶面粗糙；叶边锯齿粗大且锐利、整齐、单生；齿上有针刺；叶缘波状，叶与枝条成锐角；平均叶柄长4.2cm。伞状花序，花瓣5枚，圆形，白色，花冠大小适中，花蕾微绿色，花梗平均长1.5cm、绿色。先展叶后开花。

3. 果实经济性状

果实大小整齐，近圆形，果实纵径2.5cm，横径2.0cm，最大果重17g，平均重15g；果实底色红色，果面粗糙、果粉少、有光泽、有棱起、无锈斑、蜡质多；果点多、大且凸起，果梗短粗，上下粗细均匀，梗洼浅、窄，萼片宿存，三角形；果肉黄白色，致密且硬，汁液少，酸甜，味浓郁，微香，品质极佳；果心位于中部，正方形，萼筒壶形、小，与心室连通，心室卵形。种子数5粒，饱满。最佳食用期10月上中旬至11月上中旬。

4. 生物学特性

萌芽力强，发枝力强，生长势强，全树坐果，坐果力强，丰产。1年生枝条平均长27cm，有中心干，骨干枝分枝角度45°，徒长枝数目少。本地4月上中旬萌芽，5月上旬开花，9月下旬果实成熟，11月上旬落叶；定植后3年见果，第7～8年进入盛果期；连续结果能力强，成熟期一致，落果轻微，丰产，大小年不显著，单株平均产量（盛果期）达150kg。

📖 品种评价

高产，抗病，耐贫瘠，果实可食用；对寒、旱、涝、瘠、盐、风、日灼等恶劣环境有较强抵抗能力。

植株

叶片

主干

果实

磨合里

Crataegus pinnatifida Bunge 'Moheli'

调查编号： CAOSYLJZ014

所属树种： 山楂 *Crataegus pinnatifida* Bunge

提 供 人： 李建光
电　　话： 13937782275
住　　址： 河南省南阳市淅川县毛堂乡店子村

调 查 人： 李建志
电　　话： 13937782275
单　　位： 河南省南阳市林业局

调查地点： 河南省南阳市淅川县毛堂乡店子村

地理数据： GPS数据（海拔：113m，经度：E112°30′51.6″，纬度：N32°59′59.4″）

样本类型： 枝条、花、叶片、果实

生境信息

来源于当地，生于田野的平地，该地带属于温带落叶阔叶林。土壤质地为砂壤土，该土地为耕地。受耕作的影响，伴生物种为栎树。现存5株，种植年限30年。

植物学信息

1. 植株情况

乔木，树势强，树高3m，冠幅东西3.0m、南北1m，干周135cm。主干灰色，树皮丝裂状，枝条密集。

2. 植物学特征

1年生枝条红色，有光泽，长度适中，节间平均长3cm，粗度较细，平均粗度0.5cm；叶片浓绿色，较厚，长12.5cm、宽8.5cm，叶边锯齿圆钝，叶柄长3cm，较细。

3. 果实经济性状

果实红色，整齐度不一致，果面粗糙，有棱起，少量蜡质，有光泽；果梗长、细，上下粗细均匀；梗洼浅、平，萼片宿存，着生处浅，大小适中；果形扁圆形，条纹长，浅红相间；果面光滑，无棱起，无锈斑，果点少、小、平，蜡质多，果梗短；果肉黄色，质地致密，汁液多，风味酸甜，味淡，无涩味，微香；果心小，心室卵形，无絮状物。种子数5粒。可溶性固形物含量15.44%，可溶性糖含量8.36%，酸含量2.64%。

4. 生物学特性

生长势中等，萌芽力强，发枝力强，骨干枝分枝角度25°，徒长枝数目少，新梢平均一年长28.1cm（夏、秋梢生长量21.2cm），3月中旬萌芽，4月中下旬开花。开始结果年龄为4年，盛果期年龄为6年，长果枝比例为10%，中果枝比例为10%，短果枝比例为80%；坐果力强，连续结果能力强，全树一致成熟，生理落果多，成熟期落果轻微，一季结果，丰产，大小年不显著，单株平均产量（盛果期）达40～50kg。

品种评价

抗病，抗盐碱，果实可食用；对寒、旱、涝、瘠、盐、风、日灼等恶劣环境有较强抵抗。

植株

叶片

枝条

果实

黄背角村山楂

Crataegus pinnatifida Bunge
'Huangbeijiaocunshanzha'

◎ 调查编号：CAOSYWWZ016

所属树种：山楂 *Crataegus pinnatifida* Bunge

提 供 人：杨付印
电　　话：13403997029
住　　址：河南省济源市邵原镇黄背角村

调 查 人：王文战
电　　话：13838902065
单　　位：济源市林业科学研究所

调查地点：河南省济源市邵原镇黄背角村

地理数据：GPS数据（海拔：592m，经度：E112°06'55.28"，纬度：N35°15'15.45"）

样本类型：枝条、花、叶片、果实

生境信息

来源于当地，生于田野的平地，该地带属于温带落叶阔叶林带子。土壤质地为壤土，土壤pH>7，该土地为耕地。受耕作的影响，伴生物种为栎树。现存4株，种植年限35年。

植物学信息

1. 植株情况

乔木，树高5m，冠幅东西3m、南北3m，干高1.8m，干周65cm。主干灰色，树皮丝状裂，枝条密集。

2. 植物学特征

1年生枝条红色，有光泽，无针刺，长度适中，节间平均长2cm，粗度较细，平均粗度0.5cm，90%为单芽；叶片浓绿色，较薄，近叶基部皱缩较多，叶边锯齿锐利，有叶间腺体，叶柄长4.8cm，较细。叶片大，阔卵圆形，长14cm、宽8.5cm。铃形花，花冠直径3cm，花色极淡，花瓣圆形。花丝较细，长0.5mm，无茸毛。总花梗和花梗均被柔毛，花径约1.8cm；萼筒钟状，萼筒小。

3. 果实经济性状

果实纵径2.7cm、横径2.7cm，平均单果重10.3g，最大果重10.6g，整齐度不一致；果实暗红色，果面粗糙，有棱起，少量蜡质，有光泽；果点适中且凸起，果点黄褐色；果梗长，上下粗细均匀；梗洼浅、平，萼片宿存，着生处浅，大小适中；果形扁圆形；果肉橙黄色，质地致密，汁液多，风味酸甜，味淡，无涩味，微香；果心小，心室卵形，无絮状物。种子数5粒。

4. 生物学特性

生长势强，萌芽力强，发枝力强，主干生长强，徒长枝数目多，3月中旬萌芽，4月中旬开花。开始结果年龄为3年，盛果期年龄为10年，长果枝比例为10%，中果枝比例为70%，短果枝比例为20%；坐果力强，连续结果能力强，全树一致成熟，生理落果少，成熟期落果轻微，一季结果，丰产，大小年不显著。

品种评价

高产，果实可食用；对寒、旱、涝、瘠、盐、风、日灼等恶劣环境有较强抵抗能力。

植株

主干

花

果实

黄楝树村 铁炉山楂

Crataegus pinnatifida Bunge
'Huanglianshucuntielushanzha'

調 查 编 号： CAOSYWWZ019

所属树种： 山楂 *Crataegus pinnatifida* Bunge

提 供 人： 孙全生
电　　话： 13403997029
住　　址： 河南省济源市邵原镇黄楝树林场

调 查 人： 王文战
电　　话： 13838902065
单　　位： 济源市林业科学研究所

调查地点： 河南省济源市邵原镇黄楝树村

地理数据： GPS数据（海拔：470m，经度：E112°0744.13"，纬度：N35°130.46"）

样本类型： 枝条、花、叶片、果实

生境信息

来源于当地，生于院内，属于温带落叶阔叶林带，伴生物种为椿树，土壤质地为壤土，土壤pH＞7。现存1株，种植年限30年，种植农户为1户，受城市扩建影响。

植物学信息

1. 植株情况

半灌木，树势弱，树姿开张，树形圆头形。主干灰色，树皮光滑无裂纹，枝条疏密程度适中。

2. 植物学特征

1年生枝条紫红色，有光泽，长度适中且较细。叶片大小适中，薄厚适中，绿色，叶边锯齿锐利，无齿尖腺体，叶柄短粗。花冠直径3cm，花色极淡，花瓣圆形，褶皱少。花丝长0.5mm，茸毛少。萼片圆形，茸毛适中，萼筒小。

3. 果实经济性状

果实纵径2.9cm、横径3.5cm，平均粒重7.5g，最大果重12.2g，整齐度不一致；果实深红色，果面粗糙，有棱起，少量蜡质，有光泽；果梗长又细，上下粗细均匀；梗洼浅、平，萼片宿存，着生处浅，大小适中；果形扁圆形；果皮橙黄色，条纹长，浅红相间；果面光滑，有光泽，无棱起，无锈斑，果点少、小、平，蜡质多，果梗短；果肉橙黄色，质地致密，汁液多，风味酸甜，味淡，无涩味，微香；果心小，心室卵形，无絮状物。种子数5粒，可溶性固形物含量13.44%，可溶性糖含量9.36%，酸含量2.64%，维生素C含量1.55mg/100g。

4. 生物学特性

生长势强，萌芽力强，发枝力强，中心主干生长弱，骨干枝分枝角度50°，徒长枝数目少，萌芽力弱，发枝力弱。3月上旬萌芽，4月中旬开花。开始结果年龄为3年，盛果期年龄为10年，长果枝比例为10%，中果枝比例为35%，短果枝比例为55%；坐果力强，连续结果能力强，全树一致成熟，成熟期落果轻微，一季结果，丰产，大小年不显著，单株平均产量（盛果期）达250kg。

品种评价

高产，抗病，耐贫瘠，果实可食用；对寒、旱、涝等恶劣环境有较强抵抗能力。

植林

花

花

双房村
东坡山楂

Crataegus pinnatifida Bunge
'Shuangfangcundongposhanzha'

调查编号：CAOSYXMS025

所属树种：山楂 *Crataegus pinnatifida* Bunge

提 供 人：孙全生
电　　话：13403997029
住　　址：河南省济源市邵原镇黄楝树林场

调 查 人：薛茂盛
电　　话：13569144873
单　　位：国有济源市黄楝树林场

调查地点：河南省济源市邵原镇双房村

地理数据：GPS数据（海拔：421m，经度：E112°09'9.17"，纬度：N35°11'39.33"）

样本类型：枝条、花、叶片、果实

生境信息

　　生于庭院的平地，该地带属于温带落叶阔叶林带。土壤质地为砂壤土，土壤pH7.5。伴生物种为柿树，现存1株，种植年限15年。

植物学信息

1. 植株情况

　　乔木，树高6m，冠幅东西6m、南北6m，干高1.2m，干周55cm，树势中等，树姿开张，树形圆头形。主干灰色，树皮丝状裂，枝条密集。

2. 植物学特征

　　1年生枝条短，红褐色。叶片长12.5cm，宽8.5cm。近叶基部褶皱较多，叶边锯齿锐利，叶柄长4.5cm，较细。叶片大，羽状浅裂，叶背少有茸毛，叶基截形，叶尖长突尖，叶柄基部亦有茸毛，叶梗少有茸毛。

3. 果实经济性状

　　果实大小中等，纵径2.8cm、横径2.9cm，最大果重10.4g，整齐度不一致；果形扁圆形；果实深红色，少量蜡质，有光泽；果点适中；果梗长又细，上下粗细均匀；梗洼浅、平，萼片宿存，着生处浅，大小适中；果皮橙黄色，条纹长，浅红相间；果面光滑，有光泽，无棱起，无锈斑，蜡质多，果梗短；果肉橙黄色，质地致密，汁液多，风味酸甜，味淡，无涩味，微香；果心小，心室卵形，无絮状物。种子数5粒，可溶性固形物含量16.44%，可溶性糖含量9.40%，酸含量1.99%，维生素C含量1.07mg/100g。

4. 生物学特性

　　生长势强，萌芽力强，发枝力强，中心主干生长弱，骨干枝分枝角度40°，徒长枝数目少，3月上旬萌芽，4月中旬开花。10月中旬果实成熟，11月初落叶；开始结果年龄为3年，10年进入盛果期，长果枝比例为10%，中果枝比例为60%，短果枝比例为30%；坐果力强，连续结果能力强，全树一致成熟，成熟期落果轻微，一季结果，丰产，大小年不显著。

品种评价

　　高产，抗病，果实可食用。

植株

果实

金房屯山楂 1号

Crataegus pinnatifida Bunge
'Jinfangtunshanzha 1'

調查编号：CAOSYLTZ005

所属树种：山楂 *Crataegus pinnatifida* Bunge

提 供 人：于崇信
电　　话：0411－89495805
住　　址：辽宁省庄河市城山镇金房村

调 查 人：曹尚银
电　　话：13937192127
单　　位：中国农业科学院郑州果树研究所

调查地点：辽宁省庄河市城山镇金房村

地理数据：GPS数据（海拔：114m，经度：E122°39'9.1"，纬度：N39°46'2.7"）

样本类型：枝条、花、叶片、种子

生境信息

来源于当地，最大树龄是20年；小生境是旷野，伴生物种为樱桃；土壤质地为砂壤土，影响因子是放牧、耕作；种植年限20年。

植物学信息

1. 植株情况

乔木，树姿半开张，树形乱头形。树高5.5m，冠幅东西4.5m、南北2.5m，干高0.3m，干周80cm。主干灰色，树皮块状裂，枝条密集。

2. 植物学特征

1年生枝条挺直，褐色，长度中等，有针刺，皮孔椭圆形，灰白色，中等；节间长度中等，节间平均长1.5cm，粗度较细，平均粗度0.4cm，90%为单芽；多年生枝条灰褐色。叶芽椭圆形，茸毛少，离生；花芽肥大，球形，鳞片紧，茸毛多。伞状花序，花瓣圆形，白色，先展叶后开花，花瓣5枚，花冠大小适中。

3. 果实性状

果形圆形，大小整齐；果实纵径3.2cm、横径3.3cm，平均果重4.5g；果实底色红色，果面粗糙，果粉中等，有光泽，有棱起，无锈斑，蜡质多；果点多、大且凸起，果梗较短，上下粗细均匀，梗洼浅、窄，萼片宿存，着生处浅，大小适中；果肉黄白色，质地致密且硬，汁液少，风味酸甜，味浓郁，微香，品质中等；果心位于中部，正方形，萼筒壶形，小，与心室连通，心室卵形。种子数5粒，不饱满。最佳食用期10月上旬至11月中旬，能贮至1月上旬，共可贮90天。

4. 生物学习性

生长势中等，萌芽力强，发枝力中等，中心主干不明显，徒长枝数目中等，新梢平均一年长20cm（夏、秋梢生长量15cm），3月中旬萌芽，4月下旬开花，9月下旬果实成熟，11月中上旬落叶；开始结果年龄为3年，盛果期年龄为10年，长果枝比例为10%，中果枝比例为30%，短果枝比例为60%；坐果力强，全树坐果，产量中等，连续结果能力强，生理落果较少，成熟期落果中等，一季结果，大小年不显著。

品种评价

该品种具有抗病、耐贫瘠、广适性等主要优点，果实可食用。

植株

枝条

主干

果实

金房屯山楂 2号

Crataegus pinnatifida Bunge
'Jinfangtunshanzha 2'

调查编号：CAOSYLTZ007

所属树种：山楂 *Crataegus pinnatifida* Bunge

提 供 人：于崇信
电　　话：0411－89495805
住　　址：辽宁省庄河市城山镇金房村

调 查 人：曹尚银
电　　话：13937192127
单　　位：中国农业科学院郑州果树研究所

调查地点：辽宁省庄河市城山镇金房村

地理数据：GPS数据（海拔：110m，经度：E122°39'11.2"，纬度：N39°46'5.8"）

样本类型：枝条、花、叶片、种子

生境信息

来源于当地，最大树龄是8年；小生境是田间，伴生物种为梨；土壤质地类型为砂壤土，影响因子是耕作；种植年限8年。

植物学信息

1. 植株情况

乔木，树势中等，树姿直立，树形乱头形。树高6.5m，冠幅东西4m、南北3m，干高70cm，干周80cm。主干灰色，树皮丝状裂，枝条密度中等。

2. 植物学特征

1年生枝条挺直，褐色，长度中等，无针刺，嫩梢上茸毛中等，灰色，皮孔大小中等、数量中等，凹，椭圆形，灰白色；节间长度较短，节间平均长0.35cm，粗度较细，平均粗度0.2cm，90%为单芽；多年生枝条灰褐色。叶芽卵圆形，茸毛少，离生；花芽肥大，球形，鳞片紧，茸毛多。伞状花序，花瓣白色、圆形，先展叶后开花；花瓣5片，花冠大小适中。

3. 果实性状

果形圆形，大小整齐；果实纵径2.6cm、横径3.3cm，平均果重3.7g；果实底色橙黄色，果面粗糙，果粉中等，有光泽，有棱起，无锈斑，蜡质多；果点多、大且凸起，果梗较短、较细，上下粗细均匀，梗洼浅、窄，萼片宿存，着生处浅，大小适中；果肉黄白色，质地致密且硬，汁液少，风味酸甜，味浓郁，微香，品质中等；果心位于中部，正方形，萼筒壶形，小，与心室连通，心室卵形。种子数5粒，不饱满。最佳食用期是10月上旬至11月中旬。

4. 生物学习性

生长势中等，萌芽力中等，发枝力中等，有中心主干，骨干枝分枝角度45°，徒长枝数目中等。新梢平均一年长25cm（夏、秋梢生长量8cm），3月中旬萌芽，4月中下旬开花，9月下旬果实成熟，11月上旬落叶；开始结果年龄为3年，盛果期年龄为10年，长果枝比例为10%，中果枝比例为30%，短果枝比例为60%；坐果力强，全树坐果，产量中等，连续结果能力强，成熟期落果中等，一季结果，大小年不显著。

品种评价

该品种抗病、耐贫瘠、果实可食用；对寒、旱、涝、瘠、盐、风、日灼等恶劣环境有较强抵抗能力。

柏林

榛柴

枝条

金房屯山楂
3号

Crataegus pinnatifida Bunge
'Jinfangtunshanzha 3'

调查编号：CAOSYLTZ008

所属树种：山楂 *Crataegus pinnatifida* Bunge

提 供 人：于崇信
电　　话：0411－89495805
住　　址：辽宁省庄河市城山镇金房村

调 查 人：曹尚银
电　　话：13937192127
单　　位：中国农业科学院郑州果树研究所

调查地点：辽宁省庄河市城山镇金房村

地理数据：GPS数据（海拔：117m，经度：E122°39'23.5"，纬度：N39°46'12.9"）

样本类型：枝条、花、叶片、种子

生境信息

来源于当地，最大树龄是15年；小生境是田间，伴生物种为山楂、梨；土壤质地为砂壤土，影响因子是耕作；地形为坡地，坡度为35°，坡向是西北；种植年限15年。

植物学信息

1. 植株情况

乔木，树势中等，树姿半开张，树形圆头形。树高5.5m，冠幅东西4m、南北3.5m，干高50cm，干周90cm。主干灰色，树皮丝状裂，枝条密度中等。

2. 植物学特征

1年生枝条挺直，褐色，长度中等，嫩梢上茸毛中等，灰色，皮孔大小中等、数量中等，凸，椭圆形，灰白色；节间长度较短，节间平均长0.6cm，粗度较细，平均粗度0.3cm，90%为单芽；多年生枝条灰褐色。叶芽卵圆形，茸毛少，离生；花芽肥大，球形，鳞片紧，茸毛多。伞状花序，花瓣白色、圆形，先展叶后开花；花瓣5片，花冠大小适中。

3. 果实性状

果形圆形，大小整齐；果实纵径2.6cm、横径2.4cm，平均果重4.0g；果实底色暗红色，果面粗糙，果粉中等，无光泽，有棱起，无锈斑，蜡质多；果点多、大且凸起，果梗短细，上下粗细均匀，梗洼浅、窄，萼片宿存，着生处浅，大小适中；果肉黄白色，质地致密且硬，汁液少，风味酸甜，味浓郁，微香，品质中等；果心位于中部，正方形，萼筒壶形，小，与心室连通，心室卵形。种子数5粒，不饱满。最佳食用期10月中旬至11月上旬。

4. 生物学习性

生长势中等，萌芽力中等，发枝力中等，有中心主干，骨干枝分枝角度60°，徒长枝数目较多。新梢平均一年长15cm（夏、秋梢生长量10cm），3月中旬萌芽，4月中下旬开花，9月下旬果实成熟，11月上旬落叶；开始结果年龄为3年，盛果期年龄为10年；坐果力强，全树坐果，产量中等，连续结果能力强，生理落果中等，成熟期落果中等，一季结果，大小年不显著。

品种评价

该品种具有抗病、耐贫瘠等主要优点，果实可食用。

檀林

枝条

枝条

金房屯山楂 4 号

Crataegus pinnatifida Bunge
'Jinfangtunshanzha 4'

调查编号：CAOSYLTZ009

所属树种：山楂 *Crataegus pinnatifida* Bunge

提 供 人：于崇信
电　　话：0411 – 89495805
住　　址：辽宁省庄河市城山镇金房村

调 查 人：曹尚银
电　　话：13937192127
单　　位：中国农业科学院郑州果树研究所

调查地点：辽宁省庄河市城山镇金房村

地理数据：GPS数据（海拔：138m，经度：E122°39'21.8"，纬度：N39°46'11.3"）

样本类型：枝条、花、叶片、种子

生境信息

　　来源于当地，最大树龄是26年；小生境是田间，伴生物种为毛栗；土壤质地为砂壤土，影响因子是砍伐；地形为坡地，坡度为30°，坡向是东北；土地利用为人工林；种植年限26年。

植物学信息

1. 植株情况

　　乔木，树势强，树姿直立，树形圆头形。树高8.5m，冠幅东西6.5m、南北7.5m，干高120cm，干周140cm。主干灰色，树皮块状裂，枝条密。

2. 植物学特征

　　1年生枝条挺直，褐色，长度中等，嫩梢上茸毛中等，灰色，皮孔大小中等、数量中等，凸，椭圆形，灰白色；节间较短，平均长0.5cm，粗度较细，平均粗度0.4cm；多年生枝条灰褐色。叶芽卵圆形，茸毛少，离生；叶片长13.5cm、宽8cm；叶片圆锥形，叶尖渐尖，叶片绿色，叶面粗糙；叶边锯齿粗大且锐利、整齐、单生；齿上有针刺；叶缘波状，叶与枝条成锐角；花芽肥大，球形，鳞片紧，茸毛多。伞状花序，花瓣圆形，白色，先展叶后开花；花瓣5片，花冠大小适中。

3. 果实性状

　　果形圆形，大小整齐；果实纵径3.4cm、横径3.7cm，平均果重5.5g；果实底色暗红色，果面粗糙，果粉中等，无光泽，有棱起，有锈斑，蜡质多；果点多、大且凸起，果梗长度中等，上下粗细均匀，梗洼浅、窄，萼片宿存，着生处浅，大小适中；果肉黄白色，质地致密且硬，汁液少，风味酸甜，味浓郁，微香，品质佳；果心位于中部，正方形，萼筒壶形，小，与心室连通，心室卵形。种子数5粒，不饱满。最佳食用期10月中旬至11月中旬。

4. 生物学习性

　　生长势强，萌芽力强，发枝力中等，中心主干不明显，骨干枝分枝角度70°，徒长枝数目中等。新梢平均一年长50cm（夏、秋梢生长量15cm），3月中旬萌芽，4月中下旬开花，10月上旬果实成熟，11月中下旬落叶；开始结果年龄为3年，盛果期年龄为10年；坐果力强，全树坐果，丰产，连续结果能力强，成熟期落果中等，一季结果，大小年不显著。

品种评价

　　该品种具有丰产、抗病、耐贫瘠、广适性等主要优点；果实可食用；对寒、旱、涝、瘠、盐、风、日灼等恶劣环境有较强抵抗能力。

植株

枝条

主干

果实

伏里红山楂

Crataegus brettschneideri Schneid
'Fulihongshanzha'

调查编号： CAOSYWWZ020

所属树种： 山楂 *Crataegus brettsch-neideri* Schneid

提 供 人： 王文战
电　　话： 13838902065
住　　址： 河南省济源市林业科学研究所

调 查 人： 李好先
电　　话： 13903834781
单　　位： 中国农业科学院郑州果树研究所

调查地点： 河南省济源市林业科学研究所院内

地理数据： GPS数据（海拔：146m，经度：E112°36'10.65"，纬度：N35°06'43.69"）

样本类型： 枝条、花、叶片、果实

生境信息

生于农户的耕地，受耕作的影响土壤质地为砂土。

植物学信息

1. 植株情况

乔木，树势强，树姿开张，树形圆头形。枝条密集。

2. 植物学特征

1年生枝条灰绿色。近叶基部褶皱较多，叶边锯齿锐利，较细。叶片大，羽状浅裂，叶背少有茸毛，叶基截形，叶尖长突尖，叶柄基部亦有茸毛，叶梗少有茸毛。

3. 果实性状

果实大小中等，纵径1.8cm、横径1.7cm，整齐度不一致；果实红色，果面粗糙，有棱起，有蜡质；果梗短、细，上下粗细均匀；梗洼浅、平，萼片宿存，着生处浅，大小适中；果形圆形；果点多、小、蜡质多；果肉黄色，质地软，汁液多，风味酸甜，味淡，无涩味，微香；果心小。种子数5粒。可溶性固形物含量16.87%，可溶性糖含量11.1%，酸含量2.56%，果实可食率88.8%。

4. 生物学习性

生长势强，萌芽力强，成枝力中等，幼年期生长旺盛，中心主干生长弱，徒长枝数目少，4月中旬萌芽，5月中旬开花，8月中旬果实成熟；开始结果年龄为3年，10年进入盛果期，坐果力强，连续结果能力强，全树一致成熟，成熟期落果轻微，一季结果，丰产，大小年不显著。

品种评价

高产，抗寒，耐贫瘠，果实可食用。

植株

叶片

果实

红肉山楂

Crataegus pinnatifida Bunge
'Hongroushanzha'

⊙ 调查编号： CAOSYWWZ021

▤ 所属树种： 山楂 *Crataegus pinnatifida* Bunge

🖹 提 供 人： 王文战
电　　话： 13838902065
住　　址： 河南省济源市林业科学研究所

🖺 调 查 人： 李好先
电　　话： 13903834781
单　　位： 中国农业科学院郑州果树研究所

📍 调查地点： 河南省济源市林业科学研究所院内

🌐 地理数据： GPS数据（海拔：146m，经度：E112°36'10.65"，纬度：N35°06'43.69"）

🖼 样本类型： 枝条、花、叶片、果实

🗒 生境信息

生于农户的耕地，受耕作的影响土壤质地为砂土。

🗒 植物学信息

1. 植株情况

乔木，树势强，树姿开张，树形自然圆头形。主干灰色，枝条密集。

2. 植物学特征

1年生枝条短，红褐色。叶片长12.5cm、宽8.5cm。近叶基部褶皱较多，叶边锯齿锐利，叶柄长4.5cm，较细。叶片大，羽状浅裂，叶背少有茸毛，叶基截形，叶尖长突尖，叶柄基部亦有茸毛，叶梗少有茸毛。

3. 果实性状

果实大小中等，纵径1.8cm、横径1.7cm，整齐度不一致；果形圆形；果实红色，果面粗糙，有棱起，有蜡质；果梗短又细，上下粗细均匀；梗洼浅、平，萼片宿存，着生处浅，大小适中；果粉厚，果点少、小、平，蜡质多，果肉橙黄色，质地软，汁液多，风味酸甜，味淡，无涩味，微香；果心小。种子数5粒。可溶性固形物含量16.87%，可溶性糖含量8.12%，酸含量3.71%。

4. 生物学习性

生长势强，萌芽力强，发枝力强，中心主干生长弱，徒长枝数目少，3月上旬萌芽，4月中旬开花，10月上旬果实成熟；开始结果年龄为3年，第10年进入盛果期，坐果力强，连续结果能力强，全树一致成熟，成熟期落果轻微，一季结果，丰产，大小年不显著。

🗒 品种评价

高产，抗病，果实可食用。

植株

叶片

果实

鸡冠山山楂

Crataegus pinnatifida Bunge
'Jiguanshanshanzha'

调查编号： CAOSYWWZ022

所属树种： 山楂 *Crataegus pinnatifida*
Bunge

提 供 人： 王文战
电　　话： 13838902065
住　　址： 河南省济源市林业科学研
　　　　　究所

调 查 人： 李好先
电　　话： 13903834781
单　　位： 中国农业科学院郑州果树
　　　　　研究所

调查地点： 河南省济源市林业科学研
　　　　　究所院内

地理数据： GPS数据（海拔：146m，
　　　　　经度：E112°36'10.65"，纬度：N35°06'43.69"）

样本类型： 枝条、花、叶片、果实

生境信息

生于农户的耕地，受耕作的影响土壤质地为砂土。

植物学信息

1. 植株情况
树势强，树姿开张，主干灰色，枝条密集。

2. 植物学特征
1年生枝条短，红褐色。近叶基部褶皱较多，叶边锯齿锐利，叶柄长，较细。叶片大，羽状浅裂，叶背少有茸毛，叶基截形，叶尖长突尖，叶柄基部亦有茸毛，叶梗少有灰白色柔毛。

3. 果实经济性状
果实大小中等，果点密，纵径1.9cm、横径1.7cm，平均单果重3.2g，整齐度一致；果形圆形；果实鲜红色，果面粗糙，有棱起，有蜡质；果梗长，上下粗细均匀；梗洼浅、平，萼片宿存，着生处浅，大小适中；果粉厚中，果肉黄色，质地软，汁液多，风味酸甜，微香。种子数5粒。可溶性固形物含量15.3%。

4. 生物学特性
生长势强，萌芽力强，发枝力强，中心主干生长弱，徒长枝数目少，3月上旬萌芽，4月中旬开花，10月上旬果实成熟；开始结果年龄为3年，第10年进入盛果期，坐果力强，连续结果能力强，全树一致成熟，成熟期落果轻微，一季结果，丰产，大小年不显著。

品种评价

高产，抗病，果实可食用。

植株

叶片

果实

参考文献

艾呈祥, 张力思, 魏海蓉, 等. 2007. 甜樱桃品种SSR指纹图谱数据库的建立[J]. 中国农学通报, 23(5): 55–58.

毕恭, 任洛, 等. 1985. 辽东志//金毓绂. 辽海丛书[M]. 沈阳: 辽沈书社.

曹海东. 1995. 新译西京杂记[M]. 台北: 三民书局股份有限公司.

岑启沃. 1975. 田西县志[M]. 台湾: 成文出版社.

常安. 1988. 盛京瓜果赋//盛昱. 八旗文经[M]. 沈阳: 辽沈书社.

陈藏器. 2000. 本草拾遗[M]. 合肥: 安徽科学技术出版社.

陈仁华, 吕孟禧. 1991. 广西志物产资料选编[M]. 南宁: 广西人民出版社.

成林, 程章灿. 1993. 西京杂记全译[M]. 贵阳: 贵州人民出版社.

代红艳. 2007. 山楂种质资源的分子鉴定及创新研究[D]. 沈阳: 沈阳农业大学.

董文轩. 2015. 中国果树科学与实践[M]. 西安: 陕西科学技术出版社, 16–18.

杜晶晶, 刘国银, 魏军亚, 等. 2013. 基于SSR标记构建葡萄种质资源分子身份证[J]. 植物研究, 33(2): 232–237.

杜思. 1965. 青州府志[M]. 上海: 上海古籍出版社.

方乐成, 夏慧敏, 麻文俊, 等. 2017. 基于SSR标记的楸树遗传多样性及核心种质构建[J]. 东北林业大学学报, 8: 1–5.

冯广平, 包琰, 赵建成, 等. 2012. 秦汉上林苑植物图考[M]. 北京: 科学出版社.

高濂. 1988. 遵生八笺[M]. 成都: 巴蜀书社.

高源, 王昆, 王大江, 等. 2016. 利用TP-M13-SSR标记构建苹果栽培品种的分子身份证[J]. 园艺学报, 43(1): 25–37.

高运来, 朱荣胜, 刘春燕, 等. 2009. 黑龙江部分大豆品种分子ID的构建[J]. 作物学报, (2): 211–218.

葛洪. 1985. 西京杂记[M]. 北京: 中华书局.

郭璞. 2002. 尔雅注[M]. 北京: 北京图书馆出版社.

韩谔, 缪启愉. 1981. 四时纂要校释[M]. 北京: 农业出版社.

郝晨阳, 董玉琛, 王兰芬, 等. 2008. 我国普通小麦核心种质的构建及遗传多样性分析[J]. 科学通报, 53(8): 908–915.

何绍基, 等. 1967. 安徽通志[M]. 台湾: 华文书局.

何崧泰, 史朴. 2006. 遵化通志//《中国地方志集成》编辑工作委员会. 中国地方志集成: 河北府县志辑22[M]. 上海: 上海书店出版社.

何余堂, 涂金星, 傅廷栋, 等. 2002. 陕西省白菜型油菜核心种质的初步构建[J]. 中国油料作物学报, 24(1): 6–9.

和坤, 梁图治. 1966. 热河志[M]. 台湾: 文海出版社.

河南省对外经济贸易委员会《经贸志》编辑室. 1985. 河南出口商品志第2册[Z].

董玉琛, 刘旭, 贾敬贤, 等. 中国作物及其野生近缘植物·果树卷[M]. 北京: 中国农业出版社.

江苏省地方志编纂委员会. 2003. 江苏省志园艺志[M]. 南京: 凤凰出版社.

绛县志编纂委员会. 1997. 绛县志[M]. 西安市: 陕西人民出版社.

靖道谟, 鄂尔泰. 1988. 云南通志[M]. 南京: 江苏广陵古籍刻印社.

兰茂. 2004. 滇南本草[M]. 昆明: 云南科学技术出版社, 97–98.

郎丰满, 徐传国. 2004. 临朐县志[M]. 济南: 济南齐鲁书社.

李昉, 等. 1960. 太平御览[M]. 北京: 中华书局.

李辅, 等. 1985. 全辽志//金毓绂. 辽海丛书[M]. 沈阳: 辽沈书社.

李会勇, 王天宇, 黎裕, 等. 2005. TP-M13 自动荧光检测法在高粱SSR基因型鉴定中的应用[J]. 植物遗传资源学报, 6(1):

68-70.

李娟, 江昌俊. 2004. 中国茶树核心种质的初步构建[J]. 安徽农业大学学报, 31(3): 282-287.

李丽, 何伟明, 马连平, 等. 2009. 用EST-SSR分子标记技术构建大白菜核心种质及其指纹图谱库[J] 基因组学与应用生物学, 28(1): 76-86.

李时珍. 2006. 本草纲目(点校本) //《中国地方志集成》编辑工作委员会. 中国地方志集成: 辽宁府县志辑12[M]. 南京: 凤凰出版社.

李晓玲, 李金泉, 卢永根. 2007. 水稻核心种质的构建策略研究[J]. 沈阳农业大学学报, 38(5): 681-687.

李毅, 等. 2006. 开原县志 //《中国地方志集成》编辑工作委员会. 中国地方志集成: 辽宁府县志辑12[M]. 南京: 凤凰出版社.

李元阳. 2007. 云南通志 //大理白族自治州白族文化研究院. 大理丛书: 地方志篇[M]. 北京: 民族出版社.

李作轩. 2004. 辽宁省山楂产业优势区域发展规划[J]. 北方果树, (S1): 26-27.

辽宁省人民政府地方志办公室. 2010. 奉天通志[M]. 沈阳: 辽宁民族出版社, 2704.

刘慧芳, 辛登豪. 1998. 河南名特优农产品荟萃[M]. 郑州: 河南科学技术出版社, 138-139.

刘起凡, 等. 1985. 开原县志 //金毓绂. 辽海丛书[M]. 沈阳: 辽沈书社.

刘新龙, 马丽, 陈学宽, 等. 2010. 云南甘蔗自育品种DNA指纹身份证构建[J]. 作物学报, 36(2): 202-210.

刘勇, 孙中海, 刘德春, 等. 2006. 利用分子标记技术选择柚类核心种质资源[J]. 果树学报, 23(3): 339-345.

刘长江, 靳桂云, 孔昭宸. 2010. 植物考古种子和果实研究[M]. 北京: 科学出版社, 124.

刘振岩, 李震三. 2000. 山东果树[M]. 上海: 上海科学技术出版社.

鲁明善. 1314. 农桑衣食撮要[M].

吕日周. 1982. 山西名特产[M]. 北京: 农业出版社, 85-86.

孟祺, 畅师文, 苗好谦, 等. 1965. 农桑辑要[M]. 马宗申, 译注. 上海: 上海古籍出版社.

《民国山东通志》编辑委员会. 2002. 民国山东通志[M]. 台北: 山东文献杂志社.

明军, 张启翔, 兰彦平. 2005. 梅花品种资源核心种质构建[J]. 北京林业大学学报, 27(2): 65-69.

欧阳询, 等. 1965. 艺文类聚[M]. 上海: 上海古籍出版社.

戚晨晨, 王向未. 2013. 山楂及山楂制品在食品工业中的应用及发展现状[J]. 轻工科技, (5): 9-11.

邱杨, 李锡香, 李清霞, 等. 2014. 利用SSR标记构建萝卜种质资源分子身份证[J]. 植物遗传资源学报, (3): 648-654.

曲泽洲. 1990. 北京果树志[M]. 北京: 北京出版社, 583.

山楂编写组. 1986. 山楂[M]. 北京: 中国商业出版社.

沈庆文, 张元芳, 等. 1996. 顺天府志[M]. 济南: 齐鲁书社.

沈阳新乐遗址博物馆, 沈阳文物管理办公室. 1990. 辽宁沈阳新乐遗址抢救清理发掘简报[J]. 考古, (11).

苏敬, 李世勤, 孔志约, 等. 1981. 新修本草[M]. 合肥: 安徽科学技术出版社, 357.

苏轼. 1985. 格物粗谈[M]. 北京: 中华书局.

苏颂, 等. 1988. 图经本草[M]. 福州: 福建科学技术出版社.

孙铁如. 2006. 怎样提高山楂栽培效益[M]. 北京: 金盾出版社.

孙云蔚. 1951. 果树学各论[M]. 上海: 新农出版社, 353.

陶弘景. 1994. 本草经集注[M]. 北京: 人民出版社, 375.

王琮. 1961. 淄川县志[M]. 上海: 上海古籍书店.

王雷鸣. 1989. 历代食货志第3册[M]. 北京: 农业出版社, 304-305.

王象晋. 2000. 二如亭群芳谱[M]. 海口: 海南出版社.

王轩, 等. 1969. 山西通志[M]. 台北: 华文书局.

王祯. 1956. 农书[M]. 北京: 中华书局.

吴辅宏, 陈万吉, 等. 2005. 大同府志 //《中国地方志集成》编辑工作委员会. 中国地方志集成: 山西府县志辑4[M]. 南京: 凤凰出版社.

吴耕民. 1934. 青岛果树园艺调查报告[M]. 青岛: 青岛农林事物所.

吴景澄. 1935. 实验园林经营全书[M]. 园林新报社, 88-89.

向新阳, 刘克任. 1991. 西京杂记校注[M]. 上海: 上海古籍出版社.

辛孝贵, 张育明. 1997. 中国山楂种质与利用[M]. 北京: 中国农业出版社.

岫岩县志编辑部. 1989. 岫岩县志[M]. 沈阳: 辽宁大学出版社, 224.

徐光启. 1979. 农政全书校注[M]. 石声汉, 校注. 上海: 上海古籍出版社.

徐雷锋, 葛亮, 袁素霞, 等. 2014. 利用荧光标记SSR构建百合种质资源分子身份证[J]. 园艺学报, 41(10): 2055-2064.

颜静宛, 田大刚, 许彦, 等. 2011. 杂交稻主要亲本的SSR分子身份证数据库的构建[J]. 福建农业学报, 26(2): 148-152.

杨汉波, 张蕊, 王帮顺, 等. 2017. 基于SSR标记的木荷核心种质构建[J]. 林业科学, 53(6): 37-46.

姚应龙. 1989. 徐州志[M]. 天津: 天津古籍出版社.

俞德浚. 1979. 中国果树分类学[M]. 北京: 农业出版社, 147-164.

俞德浚. 1984. 蔷薇科植物的起源和进化[J]. 植物分类学报, 22(6): 432-444.

俞为洁. 2010. 中国史前植物考古史前人文植物散论[M]. 北京: 社会科学文献出版社, 230-231.

喻文伟, 何仪, 等. 1990. 宿迁县志//上海书店出版社. 天一阁藏明代地方志选刊续编8[M]. 上海: 上海古籍书店.

岳浚. 1986. 山东通志[M]. 南京: 江苏广陵古籍刻印社.

张吉午. 2009. 顺天府志[M]. 北京: 中华书局.

张靖国, 田瑞, 陈启亮, 等. 2014. 基于SSR标记的梨栽培品种分子身份证的构建[J]. 华中农业大学学报, 33(1): 12-17.

赵冰, 张启翔. 2007. 中国蜡梅种质资源核心种质的初步构建[J]. 北京林业大学学报, 29(增刊1): 16-21.

赵焕谆, 丰宝田. 1996. 中国果树志·山楂卷[M]. 北京: 中国林业出版社.

赵珊, 王庆生. 2004. 兴隆县志[M]. 北京: 新华出版社.

中国科学院《中国新生代植物》编写组. 1978. 中国植物化石[M]. 北京: 科学出版社.

中国人民政治协商会议云南省江川县委员会. 1990. 江川文史资料第二辑[Z].

周家楣, 缪荃孙, 等. 1987. 顺天府志[M]. 北京: 北京古籍出版社.

周密. 2001. 武林旧事[M]. 北京: 学苑出版社.

庄飞云, 赵志伟, 李锡香. 2006. 中国地方胡萝卜品种资源的核心样品构建[J]. 园艺学报, 33(1): 46-51.

宗绪晓, 关建平, 王述民, 等. 2008. 国外栽培豌豆遗传多样性分析及核心种质构建[J]. 作物学报, 34(9): 1518-1528.

Akbari H, Abedi B, Karimi M R, et al. 2014. Evaluation of genetic diversity in some species of wild hawthorns (*Crateagus* spp.) in various regions of Iran by means of morphological markers[J]. Indian Journal of Fundamental and Applied Life Sciences, 4(3): 511-516.

Eugenia Y Y L. 2008. Global and fine scale molecular studies of polyploid evolution in *Crataegus* L. (Rosaceae) D. Toronto: Department of Ecology and Evolutinary Biology[D]. Toronto: University of Toronto.

Evans R C, Campbell C S. 2002. The origin of the apple subfamily (Maloideae; Rosaceae) is clarified by DNA sequence data from duplicated GBSSI genes[J]. Am. J. Bot, 89: 1478-1484.

Ohtsubo K, Nakamura S. 2007. Cultivar identification of rice (*Oryza sativa* L.) by polymerase chain reaction method and its application to processed rice products[J]. Journal of Agricultural and Food Chemistry, 55(4): 1501-1509.

Pan Y B. 2010. Databasing molecular identities of sugarcane (*Saccharum* spp.) clones constructed with microsatellite(SSR) DNA markers[J]. American Journal of Plant Sciences, 1(2): 87-94.

Palmer E J. 1932. The Crataegus problem[J]. Journal of the Arnold Arboretum, 13: 342-362.

Phipps J B. 1983. Biogeographic, taxonomic, and cladistic relationships between east Asiatic and North American Crataegus[J]. Annals Missouri Bot Gard, 70(4): 667-700.

Wolfe J A. 1972. Interpretation of Alaskan Tertiary floras[J]. Floristics and Paleoflorists of Asia and Eastern North America, 201-233.

附录一
各树种重点调查区域

树种	重点调查区域	
	区域	具体区域
石榴	西北区	新疆叶城，陕西临潼
	华东区	山东枣庄、江苏徐州、安徽怀远、淮北
	华中区	河南开封、郑州、封丘
	西南区	四川会理、攀枝花，云南巧家、蒙自，西藏山南、林芝、昌都
樱桃		河南伏牛山，陕西秦岭，湖南湘西，湖北神农架，江西井冈山等；其次是皖南，桂西北，闽北等地
核桃	东部沿海区	辽东半岛的丹东、庄河、瓦房店、普兰店，辽西地区，河北卢龙、抚宁、昌黎、遵化、涞水、易县、阜平、平山、赞皇、邢台、武安、北京平谷、密云、昌平，天津蓟县、宝坻、武清、宁河，山东长清、泰安、章丘、苍山、费县、青州、临朐，河南济源、林州、登封、濮阳、辉县、柘城、罗山、商城，安徽亳州、涡阳、砀山、萧县，江苏徐州、连云港
	西北区	山西太行、吕梁、左权、昔阳、临汾、黎城、平顺、阳泉，陕西长安、户县、眉县、宝鸡、渭北，甘肃陇南、天水、宁县、镇原、武威、张掖、酒泉、武都、康县、徽县、文县，青海民和、循化、化隆、互助、贵德，宁夏固原、灵武、中卫、青铜峡
	新疆区	和田、叶城、库车、阿克苏、温宿、乌什、莎车、吐鲁番、伊宁、霍城、新源、新和
	华中华南区	湖北郧县、郧西、竹溪、兴山、秭归、恩施、建始，湖南龙山、桑植、张家界、吉首、麻阳、怀化、城步、通道，广西都安、忻城、河池、靖西、那坡、田林、隆林
	西南区	云南漾濞、永平、云龙、大姚、南华、楚雄、昌宁、宝山、施甸、昭通、永善、鲁甸、维西、临沧、凤庆、会泽、丽江，贵州毕节、大方、威宁、赫章、织金、六盘水、安顺、息烽、遵义、桐梓、兴仁、普安，四川巴塘、西昌、九龙、盐源、德昌、会理、米易、盐边、高县、筠连、叙永、古蔺、南坪、茂县、理县、马尔康、金川、丹巴、康定、泸定、峨边、马边、平武、安州、江油、青川、剑阁
	西藏区	林芝、米林、朗县、加查、仁布、吉隆、聂拉木、亚东、错那、墨脱、丁青、贡觉、八宿、左贡、芒康、察隅、波密
板栗	华北	北京怀柔，天津蓟县，河北遵化、承德，辽宁凤城，山东费县，河南平桥、桐柏、林州，江苏徐州
	长江中下游	湖北罗田、京山、大悟、宜昌，安徽舒城、广德，浙江缙云，江苏宜兴、吴中、南京
	西北	甘肃南部，陕西渭河以南，四川北部，湖北西部，河南西部
	东南	浙江、江西东南部，福建建瓯、长汀，广东广州，广西阳朔，湖南中部
	西南	云南寻甸、宜良，贵州兴义、毕节、台江，四川会理，广西西北部，湖南西部
	东北	辽宁，吉林省南部
山楂	北方区	河南林县、辉县、新乡，山东临朐、沂水、安丘、潍坊、泰安、莱芜、青州，河北唐山、沧州、保定，辽宁鞍山、营口等地
	云贵高原区	云南昆明、江川、玉溪、通海、呈贡、昭通、曲靖、大理，广西田阳、田东、平果、百色，贵州毕节、大方、威宁、赫章、安顺、息烽、遵义、桐梓
柿	南方	广东五华、潮汕，福建安溪、永泰、仙游、大田、云霄、莆田、南安、龙海、漳浦、诏安，湖南祁阳
	华东	浙江杭州，江苏邳县，山东菏泽、益都、青岛
	北方	陕西富平、三原、临潼，河南荥阳、焦作、林州，河北赞皇，甘肃陇南，湖北罗田
枣	黄河中下游流域冲积土分布区	河北沧州、赞皇和阜平，河南新郑、内黄、灵宝，山东乐陵和庆云，陕西大荔，山西太谷、临猗和稷山，北京丰台和昌平，辽宁北票、建昌等
	黄土高原丘陵分布区	山西临县、柳林、石楼和永和，陕西佳县和延川
	西北干旱地带河谷丘陵分布区	甘肃敦煌、景泰，宁夏中卫、灵武，新疆喀什

树种	重点调查区域	
	区域	具体区域
李	东北区	黑龙江，吉林，辽宁，内蒙古东部
	华北区	河北，山东，山西，河南，北京，天津
	西北区	陕西，甘肃，青海，宁夏，新疆，内蒙古西部
	华东区	江苏，安徽，浙江，福建，台湾，上海
	华中区	湖北，湖南，江西
	华南区	广东，广西
	西南及西藏区	四川，贵州，云南，西藏
杏	华北温带区	北京，天津，河北，山东，山西，陕西，河南，江苏北部，安徽北部，辽宁南部，甘肃东南部
	西北干旱带区	新疆天山、伊犁河谷、甘肃秦岭西麓、子午岭、兴隆山区，宁夏贺兰山区，内蒙古大青山、乌拉山区
	东北寒带区	大兴安岭、小兴安岭和内蒙古与辽宁、吉林、华北各省交界的地区，黑龙江富锦、绥棱、齐齐哈尔
	热带亚热带区	江苏中部、南部，安徽南部，浙江，江西，湖北，湖南，广西
	西南高原区	西藏芒康、左贡、八宿、波密、加查、林芝，四川泸定、丹巴、汶川、茂县、西昌、米易、广元，贵州贵阳、惠水、盘州、开阳、黔西、毕节、赫章、金沙、桐梓、赤水，云南呈贡、昭通、曲靖、楚雄、建水、永善、祥云、蒙自
猕猴桃	重点资源省份	云南昭通、文山、红河、大理、怒江，广西龙胜、资源、全州、兴安、临桂、灌阳、三江、融水，江西武夷山、井冈山、幕阜山、庐山、石花尖、黄岗山、万龙山、麻姑山、武功山、三百山、军峰山、九岭山、官山、大茅山，湖北宜昌，陕西周至，甘肃武都，吉林延边
梨	辽西京郊地区	辽宁鞍山、海城、绥中、盘山，京郊大兴、怀柔、平谷、大厂
	云贵川地区	云南迪庆、丽江、红河、富源、昭通、思茅、大理、巍山、腾冲，贵州六盘水、河池、金沙、毕节、威宁、凯里，四川乐山、会理、盐源、昭觉、德昌、木里、阿坝、金川、小金、江油、汉源、攀枝花、达川、简阳
	新疆、西藏地区	库尔勒、喀什、和田、叶城、阿克苏、托克逊、林芝、日喀则、山南
	陕甘宁地区	延安、榆林、庆阳、张掖、酒泉、临夏、甘南、陇西、武威、固原、吴忠、西宁、民和、果洛
	广西地区	凭祥、百色、浦北、灌阳、灵川、博白、苍梧、来宾
桃	西北高旱区	新疆，陕西，甘肃，宁夏等地
	华北平原区	位于淮河、秦岭以北，包括北京、天津、河北大部、辽宁南部、山东、山西、河南大部、江苏和安徽北部
	长江流域区	江苏南部、浙江、上海、安徽南部、江西和湖南北部、湖北大部及成都平原、汉中盆地
	云贵高原区	云南、贵州和四川西南部
	青藏高原区	西藏、青海大部、四川西部
	东北高寒区	黑龙江海伦、绥棱、齐齐哈尔、哈尔滨，吉林通化和延边延吉、和龙、珲春一带
	华南亚热带区	福建、江西、湖南南部、广东、广西北部
苹果	东北区	辽宁铁岭、本溪，吉林公主岭、延边、通化，黑龙江东南部，内蒙古库伦、通辽、奈曼旗、宁城
	西北区	新疆伊犁、阿克苏、喀什，陕西铜川、白水、洛川，甘肃天水，青海循化、化隆、尖扎、贵德、民和、乐都，黄龙山区、秦岭山区
	渤海湾区	辽宁大连、普兰店、瓦房店、盖州、营口、葫芦岛、锦州，山东胶东半岛、临沂、潍坊、德州，河北张家口、承德、唐山、北京海淀、密云、昌平
	中部区	河南、江苏、安徽等省的黄河故道地区，秦岭北麓渭河两岸的河南西部、湖北西北部、山西南部
	西南高地区	四川阿坝、甘孜、凤县、茂县、小金、理县、康定、巴塘，云南昭通、宣威、红河、文山，贵州威宁、毕节，西藏昌都、加查、朗县、米林、林芝、墨脱等地
葡萄	冷凉区	甘肃河西走廊中西部，晋北，内蒙古土默川平原，东北中北部及通化地区
	凉温区	河北桑洋河谷盆地，内蒙古西辽河平原，山西晋中、太古，甘肃河西走廊、武威地区，辽宁沈阳、鞍山地区
	中温区	内蒙古乌海地区，甘肃敦煌地区，辽南、辽西及河北昌黎地区，山东青岛、烟台地区，山西清徐地区
	暖温区	新疆哈密盆地，关中盆地及晋南运城地区，河北中部和南部
	炎热区	新疆吐鲁番盆地、和田地区、伊犁地区、喀什地区，黄河故道地区
	湿热区	湖南怀化地区，福建福安地区

附录二
各省（自治区、直辖市）主要调查树种

区划	省（自治区、直辖市）	主要落叶果树树种
华北	北 京	苹果、梨、葡萄、杏、枣、桃、柿、李
	天 津	板栗、李、杏、核桃
	河 北	苹果、梨、枣、桃、核桃、山楂、葡萄、李、柿、板栗、樱桃
	山 西	苹果、梨、枣、杏、葡萄、山楂、核桃、李、柿
	内 蒙 古	苹果、枣、李、葡萄
东北	辽 宁	苹果、山楂、葡萄、枣、李、桃
	吉 林	苹果、板栗、李、猕猴桃、桃
	黑 龙 江	苹果、板栗、李、桃
华东	上 海	桃、李、樱桃
	江 苏	桃、李、樱桃、梨、杏、枣、石榴、柿、板栗
	浙 江	柿、梨、桃、枣、李、板栗
	安 徽	梨、桃、石榴、樱桃、李、柿、板栗
	福 建	葡萄、樱桃、李、柿子、桃、板栗
	江 西	柿、梨、桃、李、猕猴桃、杏、板栗、樱桃
	山 东	苹果、杏、梨、葡萄、枣、石榴、山楂、李、桃、板栗
华中	河 南	枣、柿、梨、杏、葡萄、桃、板栗、核桃、山楂、樱桃、李
	湖 北	樱桃、柿、李、猕猴桃、杏树、桃、板栗
	湖 南	柿、樱桃、李、猕猴桃、桃、板栗
华南	广 东	柿、李、杏、猕猴桃
	广 西	樱桃、李、杏、猕猴桃
西南	重 庆	梨、苹果、猕猴桃、石榴、板栗
	四 川	梨、苹果、猕猴桃、石榴、桃、板栗、樱桃
	贵 州	李、杏、猕猴桃、桃、板栗
	云 南	石榴、李、杏、猕猴桃、桃、板栗
	西 藏	苹果、桃、李、杏、猕猴桃、石榴
西北	陕 西	苹果、杏、枣、梨、柿、石榴、桃、葡萄、樱桃、李、板栗
	甘 肃	苹果、梨、桃、葡萄、枣、杏、柿、李、板栗
	青 海	苹果、梨、核桃、桃、杏、枣
	宁 夏	苹果、梨、枣、杏、葡萄、李、板栗
	新 疆	葡萄、核桃、梨、桃、杏、石榴、李

附录三
工作路线

附录四
工作流程

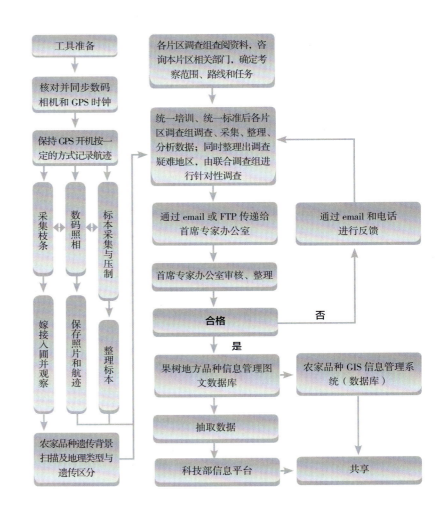

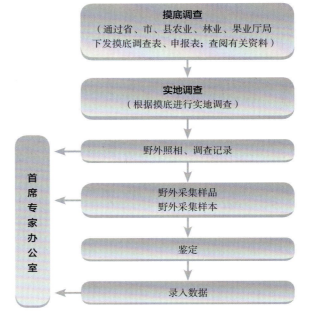

山楂品种中文名索引

山楂品种调查编号索引